Der Autor hat in München Geophysik studiert, war danach über 30 Jahre im Bereich Energietechnik beschäftigt und arbeitet heute als unabhängiger Berater im Bereich der erneuerbaren Energien.

Die Energiewende als wichtiger Baustein zur Begrenzung der Erderwärmung und des Klimawandels ist ihm ein wichtiges Anliegen.

Mein besonderer Dank gilt meiner Partnerin Maria. Sie hat nicht nur das Lektorat übernommen, sondern mit vielen Anregungen auch dafür gesorgt, dass sich meine Gedankensprünge in Grenzen halten und der Inhalt allgemein verständlich bleibt. Ich hoffe, ich bin ihrem Rat in ausreichendem Maße gefolgt.

Jürgen Duckert

Die Energiewende

Anspruch und Wirklichkeit

Verlag: tredition GmbH, Hamburg

ISBN
978-3-7345-6850-3 Paperback
978-3-7345-6851-0 Hardcover
978-3-7345-6852-7 e-Book

Printed in Germany

Inhaltsverzeichnis

Vorwort

Der Klimawandel ist ein Thema, das uns sowohl bei unserer Arbeit als auch im privaten Bereich beinahe täglich begegnet. Eine erdrückende Menge von Langzeitbeobachtungen der klimatischen Umweltbedingungen und eine stetig zunehmende Ereignisdichte im Bereich Umweltkatastrophen legen die Vermutung nahe, dass der zu beobachtende Klimawandel zu einem großen Teil durch unseren sorglosen Umgang mit fossilen Brennstoffen verursacht wird.

Wir erahnen heute schon, dass wir unter Umständen die früher als rote Linie definierte 2 °C-Grenze für die Erderwärmung überschreiten werden und dass die Regenwälder in etwa 40 Jahren verschwunden sein werden, wenn wir so weiter machen wie bisher. Obwohl größte Eile geboten ist, die Abhängigkeit von den fossilen Brennstoffen zu überwinden, müssen wir uns vor einer Überzeichnung von Katastrophen und zukünftigen Szenarien bis hin zur Apokalypse hüten.

Unser modernes Weltbild vermittelt an sich schon sehr viel Bewegung und wenig Sicherheit und zwingt jeden Einzelnen zu mehr Eigenverantwortung. Der Glaube an die omnipotente Technik kann unmittelbar in Zweifel umschlagen und die Zukunft als unberechenbar erscheinen lassen. Die weltweite Vernetzung kann zudem sehr schnell zu einer Hysterie führen, die dann zu einer Beschleunigung der ohnehin schon starken „Entsolidarisierung" der Menschen führt.

Untergangsszenarien sind unproduktiv, weil sie die Rationalität umgehen, zu Hyperaktivität verleiten und letztendlich zum Burnout führen. Diesen Teufelskreis können wir durch ein moderates mahnendes Verhalten durchbrechen, weil es uns dann eher gelingt, die Menschen mitzunehmen. Wir sollten uns auch vor der Formulierung von großen Zielen hüten, wenn wir uns nicht zu 100 % sicher sind, diese auch zu erreichen. Jede Verfehlung eines zu hoch gesteckten Zieles erzeugt ein gewisses Gefühl der Ohnmacht, wie die zunehmende Verbreitung des „peak-oil-blues" beweist. Das Aufzeigen von Möglichkeiten für jeden Einzelnen, etwas zu verändern, ist wichtiger als die Erstellung von „road maps", die von der Mehrheit nicht verstanden werden.

Durch eine klare Schilderung der bestehenden Umweltverhältnisse und der Möglichkeiten zur positiven Veränderung können wir eine Verbundenheit mit der Welt, wie sie ist, und damit eine Bezogenheit zum Thema herstellen. Dieser Verantwortung sollten wir uns bei unserer Arbeit in allen Facetten der Außenwirkung bewusst sein, wenn wir möglichst viele Menschen auf die Reise mitnehmen wollen, deren Ziel uns als erstrebenswert scheint.

[1]

Über unsere Energieversorgung denken wir nach, wenn sie einmal ausfällt, wenn wir uns über die jährliche Abrechnung der Stadtwerke ärgern, oder wenn die Spritpreise wieder mal steigen. Die Energieversorgung soll nach unseren Vorstellungen sicher, preiswert und - wenn es geht - auch möglichst klimafreundlich sein. Dabei bedenken wir kaum, wie sehr sich diese Forderungen gegenseitig beeinflussen. Egal an welcher Stelle innerhalb dieses Dreiecks wir an einer Stellschraube drehen, wir verschieben den Schwerpunkt in Richtung einer der drei Ecken. Das ist einer der Gründe, warum sich die Politik so schwer mit diesem Thema tut. Für den jeweiligen Mix aus diesen 3 Argumenten setzt jede Partei andere Schwerpunkte und die können sich auch noch zeitlich ändern, wenn es der Wahlkampf oder geopolitische Verschiebungen erfordern. Veränderungen in der Energiepolitik haben meist auch mit Investitionen in altbekannte oder neue Technologien zu tun. Projekte haben meist lange Laufzeiten, die Investoren verlangen Rechtssicherheit und

Bestandsschutz. Von daher ist eine gewisse Beständigkeit in der Energiepolitik unerlässlich.

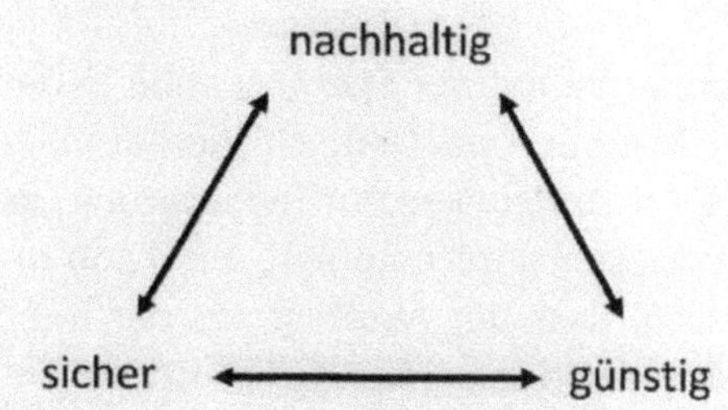

Dieses "magische Dreieck" der Energieversorgung macht deutlich, wie
schwierig eine ausgewogene Energiepolitik ist und zeigt gleichzeitig, dass
radikale Maßnahmen leicht zu einer Instabilität des gesamten Systems
führen können.

Es ist wichtig, dass die Energiewende nicht nur die Stromversorgung
sondern auch alle anderen Bereiche, wie Verkehr, Privathaushalte, Industrie und Landwirtschaft, umfasst. Momentan kann man die offen-
sichtliche Verengung des Themas auf die Energiewirtschaft nur dadurch
erklären, dass für die anderen Bereiche noch keine mittel- und langfristigen Strategien entworfen wurden. Ein weiterer Grund liegt in dem deutlich erkennbaren Trend in Richtung elektrische Versorgung in den Bereichen Verkehr, Haushalt und Prozesswärme. Neben der Beschreibung des
derzeitigen Standes der Technik ist es von Bedeutung, die möglichen und
notwendigen Ansätze in der Forschung zu beleuchten.

Wie auch immer man die Energiewende anpacken will - man darf den
eigentlichen Grund hierfür nicht aus den Augen verlieren: der Klimawandel muss begrenzt werden. Will man die Erderwärmung auf maximal 2 °C
begrenzen, dann sind die Zeithorizonte, die auf dem G7-Gipfel am
07.06.15 genannt wurden, zu weit gesetzt.

Für den Laien ist das Thema Energiewende nur schwer in den Griff zu
bekommen. Es gibt eine verwirrende Vielzahl von Meinungen, die in den
Medien publiziert werden, die sich sehr oft widersprechen und nur selten
völlig objektiv sind. Es hängt immer davon ab, wer hinter den jeweiligen
Publikationen steckt. Politiker denken an ihre Wiederwahl, Firmen an

ihre Quartalsergebnisse, Berufsverbände an ihre Mitglieder und Forschungseinrichtungen an die Fördermittel. Das Klima selbst hat leider keine Lobby.

Der Autor befasst sich zunächst mit der Energiewende in Deutschland und gibt dann einen Ausblick auf Europa. Deutschland hat in den letzten 20 Jahren bemerkenswerte Anstrengungen zur Reduzierung der Emissionen von klimaschädlichen Gasen unternommen und kann in nächster Zukunft sicherlich nachweisen, dass der Ausstieg aus der fossilen Energieversorgung bezahlbar, sicher und sozial verträglich ist.

Ein entscheidender Aspekt der Energiewende sollte immer die Nachhaltigkeit sein. Nachhaltig ist wohl eines der derzeit am häufigsten missbrauchten Worte. Nachhaltig bedeutet, dass wir unseren Planeten den nachfolgenden Generationen mindestens im momentanen Zustand oder ein bisschen schöner hinterlassen. Es bedeutet aber auch, dass wir bei unseren Bestrebungen zur Energiewende auch die Endlichkeit einiger wichtiger Ressourcen, wie Wasser, landwirtschaftlich nutzbarer Flächen und vieler anderer Rohstoffe achten. Unser Hauptziel bleibt jedoch, den Klimawandel zu stoppen oder zu minimieren.

Die für jedermann sichtbaren Veränderungen im weltweiten Klima und die teilweise verheerenden Auswirkungen haben für eine hohe Sensibilisierung für dieses Thema in der Bevölkerung gesorgt, was jüngste Umfragen deutlich bestätigen. Neben allen Anstrengungen, notwendige Veränderungen durch politisches Handeln zu erreichen, gilt auch hier „fördern und fordern". Das bedeutet im Klartext,   dass jeder Einzelne von uns sein Verhalten ändern muss, damit die gesteckten Ziele erreicht werden können. Dazu ist es nötig, objektiv zu informieren. Die nachfolgenden Kapitel sollen einen kleinen Beitrag hierfür liefern.

An dieser Stelle sei noch einer der glühendsten Verehrer unserer Erde zitiert:

Yann Arthus-Bertrand:

„Um die Ursachen für ein Problem zu finden, hilft es meist, ein wenig Abstand vom diskutierten Objekt zu nehmen".

Der Klimawandel und seine Folgen

Der Klimawandel an sich ist ein natürlicher Vorgang, der sich ohne das Zutun der Menschen schon immer langfristig abgespielt hat.

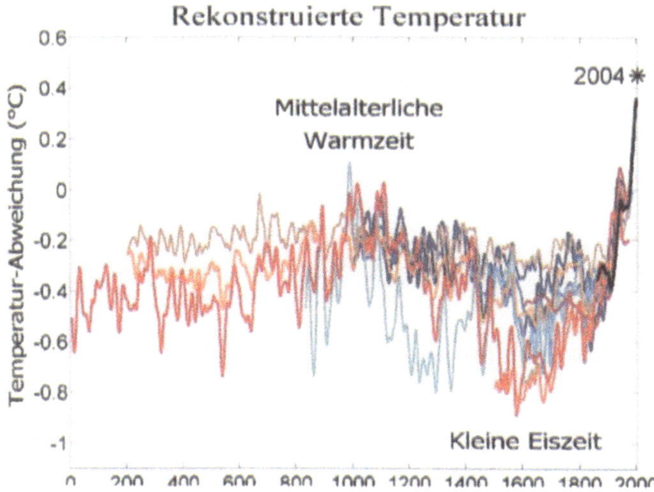

[2] Quelle: Robert A. Rhode; Der Temperaturverlauf der letzten 2000 Jahre nach den verschiedensten Rechenmodellen.

Was uns derzeit Sorgen macht, ist der steile Anstieg der Erdtemperatur in den letzten Jahrzehnten, der von anthropogener Natur ist.

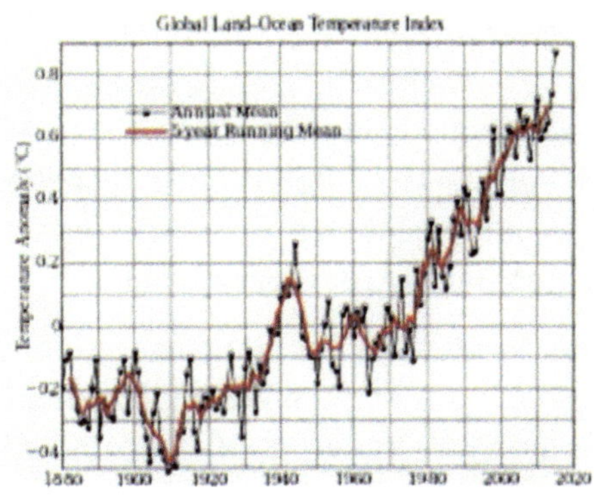

[3] Quelle: NASA Goddart Institute for Space Studies

Es mag immer noch Einzelne geben, die den Einfluss des Menschen auf die Entwicklung des Klimas bestreiten. Doch gibt es momentan so viele Hinweise darauf, dass man zumindest mit einer sehr hohen Wahrscheinlichkeit damit rechnen muss, dass wir selbst an der Zerstörung unserer Umwelt Schuld tragen. Wenn uns später unsere Kinder oder Enkelkinder fragen, warum wir nichts dagegen unternommen haben, dann werden sie sich mit der Aussage „wir waren uns nicht zu 100 % sicher" nicht zufrieden geben.

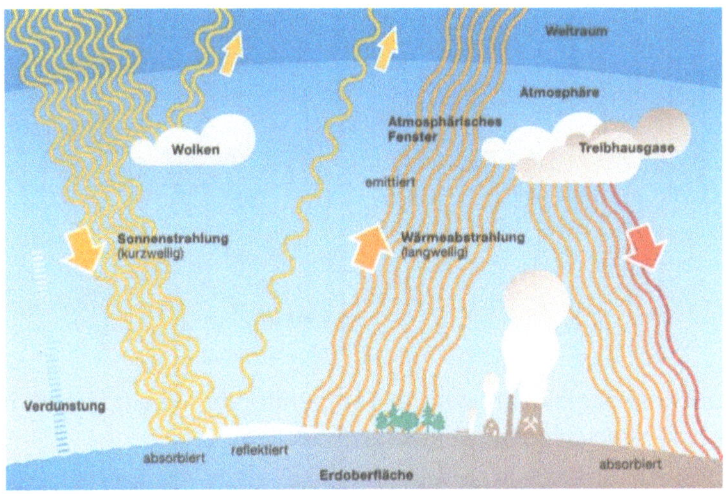

[4] Quelle: Greenpeace "Für eine Welt ohne Klimachaos"

Die Wirkungsweise der Erderwärmung ist in Bild [4] anschaulich dargestellt. Neben den natürlichen Mechanismen, die weitgehend ohne unser Zutun ablaufen, zeigt die rechte Bildhälfte den zusätzlichen Effekt der Treibhausgase, die einen Teil der abgestrahlten Wärme reflektieren. Die zusätzlich absorbierte Energie verursacht den durch die fortschreitende Industrialisierung verursachten Beitrag zur Erderwärmung.

Eine wissenschaftlich fundierte Darstellung der Vorgänge in der Erdatmosphäre und der Auswirkungen auf das Klima findet man in den Publikationen der IPCC (Intergovernmental Panel on Climate Change).

Komponenten des Strahlungsantriebs

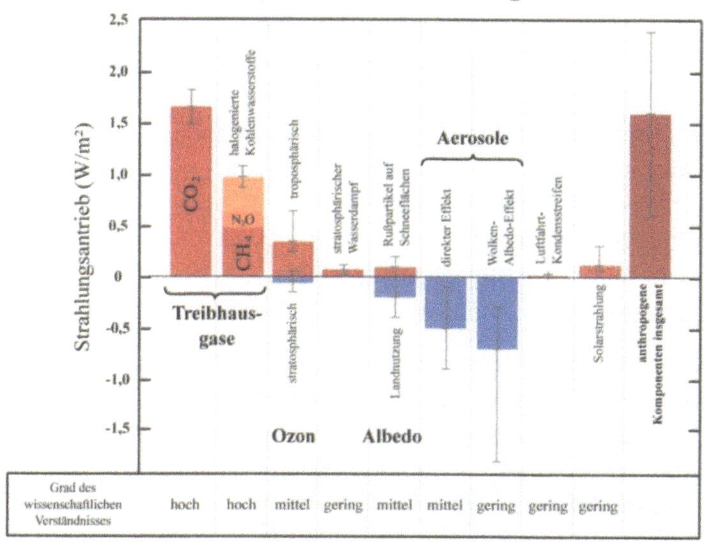

[5] Quelle: IPPC

Bild [5] zeigt die anthropogenen Einflüsse auf die Erdtemperatur, gemessen als Strahlungsantrieb in W/m². Wie man sieht, ist die CO_2-Emission der mit Abstand größte Sünder. An zweiter Stelle steht das Methangas, das uns bei weiterem Auftauen der Permafrostböden noch weitere Sorgen bereiten könnte.

Das Klimasystem unseres Planeten ist sehr komplex. Wir können oft nur sehr schwer abschätzen, wie die einzelnen Faktoren zusammenwirken. Die Erwärmung der Ozeane könnte bei Überschreitung einer gewissen Grenze, die wir heute noch nicht genau benennen können, zu einer gravierenden Änderung der Meeresströmungen führen.

Auch die Freisetzung von gebundenem Methan aus den Festlandsockeln und den Permafrost-Zonen ist noch nicht gänzlich erforscht. Hier könnte sich ebenfalls eine sprunghafte Erhöhung der Treibhausgase und damit der Erderwärmung ergeben. Die Folgen des Klimawandels erkennen wir eigentlich jetzt schon deutlich an der ansteigenden Dynamik der weltweiten Wettererscheinungen:

- Hitzewellen,
- Reduzierung der Trinkwasserressourcen,
- Niederschlagsextreme, verbunden mit Hochwasser und Boden-
  erosion,
- Geographische Verlagerung von Dürreregionen,
- Erwärmung und Übersäuerung der Ozeane,
- Auftauen von Permafrostböden,
- weltweiter Anstieg von Sturmschäden,
- Abschmelzen der Gletscher und Polkappen,
- Anstieg des Meeresspiegels.

Der UNO Klimarat geht von einem Anstieg des Meeresspiegels um 26 bis 82 cm je nach Erwärmung aus. Die Folgen des Klimawandels betreffen die wirtschaftliche Entwicklung, die Ernährung und die Gesundheit. Sie können unter Umständen zu einem rasanten Anstieg der weltweiten Flüchtlingsströme führen.

[6] Quelle: Greenpeace; Für eine Welt ohne Klimachaos

Besonders auf der südlichen Halbkugel werden die Ernteerträge durch langanhaltende Dürreperioden wesentlich schrumpfen, was zu einer starken Erhöhung der Flüchtlingsströme führen wird.

[7] Quelle: Greenpeace; Für eine Welt ohne Klimachaos

Auf der nördlichen Halbkugel werden dagegen die Niederschlagsmengen stark zunehmen, was zu unvorhersagbaren örtlichen Überschwemmungen führen wird.

Die Auswirkungen des Klimawandels sind weltweit zu beobachten. Während hierzulande die meisten Schäden durch entsprechende Versicherungen abgedeckt sind, sind sie in anderen Gegenden existenzbedrohend.

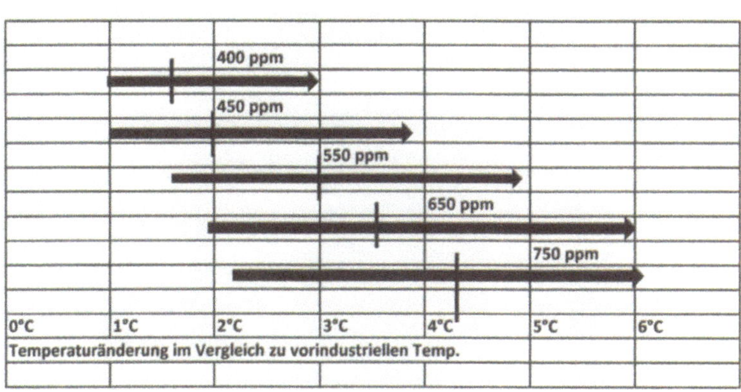

[8] Quelle: Stern Report 2006

Die Graphik [8] zeigt, wie sich die Erhöhung der CO_2 Konzentration in der Atmosphäre (derzeit etwa 400 ppm) auf die Temperatur auswirken wird. Die Bandbreite ergibt sich aus der Zusammenfassung aller derzeit vorliegenden Studien und Prognosen.

Die wirtschaftlichen und finanziellen Aspekte von Sterns Modellrechnungen aus den Jahren 2006 und 2014 geben Anlass zu großer Besorgnis. Sie zeigen, dass die Überschreitung der jetzt schon kaum mehr vermeidbaren Erwärmung um 2 °C jährliche Kosten zwischen 0,5 und 1,5 % des weltweiten Bruttosozialproduktes verursacht. Das ist ein Vielfaches der Kosten, die jetzt für die Vermeidung eines unbegrenzten Anstiegs aufgebracht werden müssten.

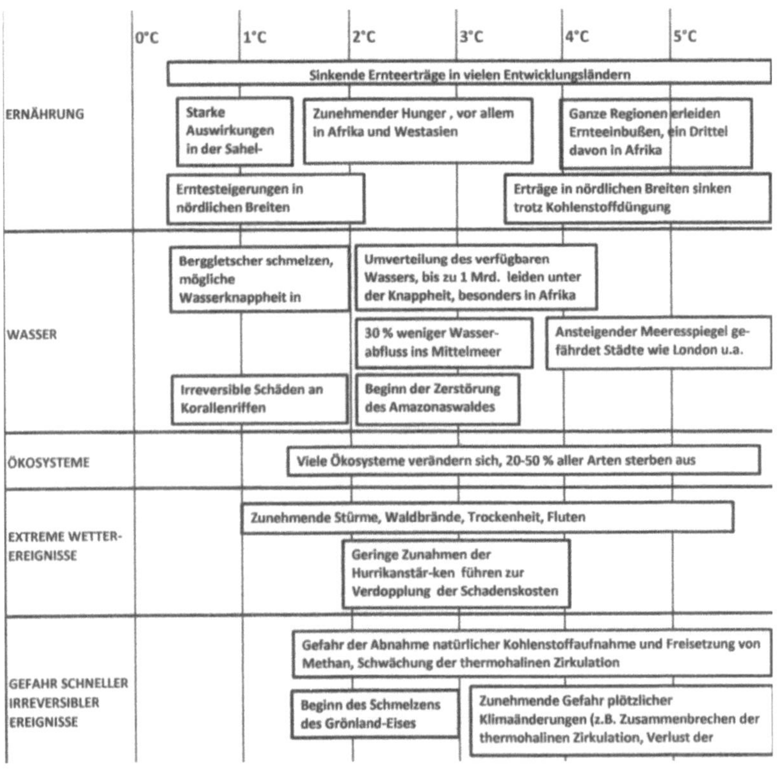

[9] Quelle: Stern-Report 2006

In Bild [9] werden die durch den Klimawandel verursachten möglichen Schäden in Abhängigkeit von der Temperaturerhöhung anschaulich zusammengefasst.

Aus diesen mittlerweile unbestrittenen Fakten ergibt sich die Notwendigkeit, den Anstieg der CO_2-Konzentration in der Atmosphäre zu begrenzen. Dies kann jedoch nur durch weltweite Anstrengungen erreicht werden.

Die zurückliegenden Klimakonferenzen haben immer wieder gezeigt, wie schwer es ist, weltweite Standards für die Begrenzung der CO_2-Emissionen zu vereinbaren. Jede Regierung ist zunächst dem Wohle der eigenen Nation verpflichtet und möchte bei aller öffentlich bekundeten Solidarität in Sachen Klimaschutz eventuell entstehende Nachteile im internationalen Wettbewerb vermeiden.

Mit den Zahlen für die CO_2-Emission ist eigentlich die Summe aller Treibhausgas-Emissionen als CO_2-Äquivalent gemeint. Methan (CH4) und Lachgas (N_2O) sind im Verhältnis zum Kohlendioxyd wesentlich gefährlicher (25-fach bzw. 298-fach). Um die Werte vergleichbar zu machen, werden die Emissionsmengen von Methan mit den Faktor 25 und die von Lachgas mit dem Faktor 298 multipliziert. Für Methan ergeben sich somit 5,9 Mrd. t und für Lachgas 3,4 Mrd. t CO_2-Äquivalent.

97 % der weltweit befragten Wissenschaftler stehen hinter der Aussage, dass der in den letzten Jahren beobachtete Temperaturanstieg anthropogener Natur ist und im Wesentlichen von den erhöhten Emissionen an Treibhausgasen verursacht wird. Die Frage, wie sich die Erdtemperatur in den nächsten Jahren entwickeln wird, wird sehr unterschiedlich beantwortet. Je nach dem jeweils zugrunde gelegten Szenarium ergeben sich erhebliche Unterschiede. Die nachfolgende Grafik [10] zeigt die volle Bandbreite der möglichen Entwicklungen. Sie zeigt auch die Einschätzung der Wissenschaft von „sehr optimistisch" bis „sehr pessimistisch".

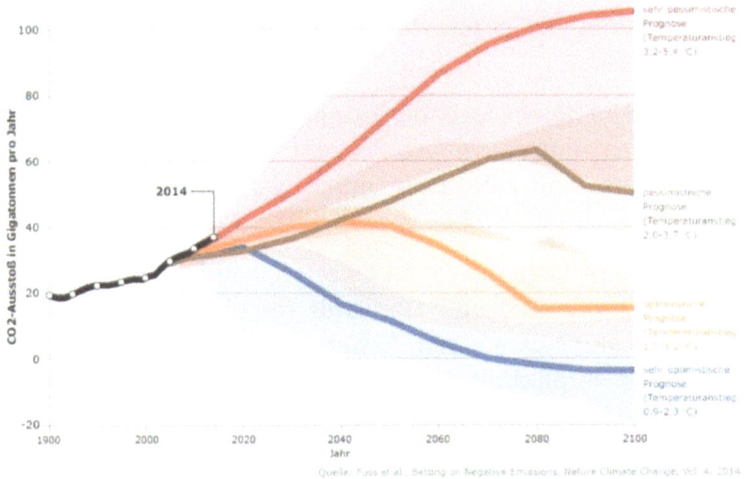

[10]

Wenn man bedenkt, dass die Zielvorgaben im Klimaabkommen von Paris (COP 21) im Bereich 1,5 – 2,0 °C liegen und damit in die Kategorie „sehr optimistisch" gehören, dann wird die Skepsis vieler Experten verständlich.

Die Probleme im Zusammenhang mit dem Klimawandel und der Energiewende lassen sich nicht mit dem amtlichen Gesetzblatt erschlagen. Die Kräfte der freien Marktwirtschaft sind aber nicht unbedingt auf Ziele ausgerichtet, die sich entweder überhaupt nicht oder eher negativ auf die Quartalszahlen der Unternehmen auswirken.

Auf der anderen Seite vereinbaren die Regierungen internationale Zielvorgaben und gehen teilweise auch entsprechende - nicht immer verbindliche - Verpflichtungen ein. Dazu kommt die Erkenntnis, dass die Kosten für die Erreichung der definierten Ziele nur zu etwa 40 % aus den Staatskassen finanziert werden können. Ein weiterer Stolperstein sind die sehr unterschiedlichen wirtschaftlichen Verhältnisse innerhalb der internationalen Staatengemeinschaft. Diese Problematik muss man klar vor Augen haben, wenn man die diversen weltweiten, europäischen oder deutschen Weißbücher analysiert.

Den Staaten obliegt es im Wesentlichen, für die ausgehandelten Kompromisse die erforderlichen Rahmenbedingungen zur Erreichung der Ziele zu schaffen.

Der Klimawandel steht seit 1990 im Fokus internationaler Diskussionen. Im Mai 1992 wurde das "Rahmenübereinkommen der Vereinten Nationen über Klimaänderungen", kurz UNFCCC, beschlossen und im gleichen Jahr in Rio de Janeiro von 154 Staaten unterschrieben. Ziel der Vereinbarung ist es, die gefährliche anthropogene Störung des Klimasystems zu verhindern und die globale Erwärmung zu verlangsamen. Weiterhin wurde beschlossen, dass sich 195 Staaten jährlich zu einer Weltklimakonferenz treffen.

Ein weiterer Meilenstein war das Zusatzprotokoll zur UNFCCC von Kyoto. Das 2005 in Kraft getretene Abkommen legt erstmals völkerrechtlich verbindliche Grenzwerte für den Ausstoß von Treibhausgasen fest. Die Industrieländer haben sich verpflichtet, den jährlichen Ausstoß in einem Geltungszeitraum von 2008 bis 2012 um durchschnittlich 5,2 % gegenüber dem Stand von 1990 zu verringern.

Für die EU-15 Länder wurde in einer internen Vereinbarung eine durchschnittliche Reduzierung von 8 %, für Deutschland von 21 % verhandelt. Für Schwellen- und Entwicklungsländer wurden keine Grenzen festgelegt.

In diversen Verhandlungsrunden wurde versucht, ab 2012 zu neuen Vereinbarungen zu kommen. Letztendlich hat man sich zu dem Kompromiss durchgerungen, die Vorschläge aus dem Kyoto-Protokoll bis 2020 zu übernehmen. Im Dezember 2015 fand dann der hochgelobte Klimagipfel in Paris (COP21) statt. Außer der Tatsache, dass die Vereinbarung von 195 Teilnehmerstaaten nach hartem Ringen unterzeichnet wurde, gibt die Veranstaltung wenig Hoffnung auf eine Begrenzung der Erderwärmung, sowohl in der Höhe als auch in den entsprechenden Zeithorizonten. Der Vertrag tritt in Kraft, sobald er von 55 Teilnehmerstaaten ratifiziert wurde. Er hat völkerrechtlich verbindlichen Charakter, enthält aber keinerlei Mechanismen für Strafmaßnahmen bei Nichteinhaltung.

Als Ziel wird die Einhaltung der 2 °C - Obergrenze für die Erwärmung, bezogen auf den Wert von 1880 (Beginn der zuverlässigen Erfassung der Wetterdaten) festgelegt. Eine sportlichere Variante spricht von 1,5 °C. Diesen Wunschdaten stehen die harten Fakten entgegen. Die derzeitige CO_2-Konzentration in der Atmosphäre liegt bei etwa 400 ppm. Die 2 °C Grenze würde bei etwa 450 ppm erreicht werden, d.h. bei einem weiteren Gesamteintrag von etwa 900 Mrd. t CO_2. Heute liegt der jährliche Eintrag bei knapp 40 Mrd. t, bei einem jährlichen Anstieg von ca. 1,8 % in den letzten Jahren. Das bedeutet, das uns zur Verfügung stehende Budget an CO_2-Emissionen ist in etwa 20 Jahren aufgebraucht. 146 Staaten, die für etwa 87 % der Emissionen verantwortlich sind, haben bisher ihre Einsparpläne konkretisiert. Sie würden jährliche Emissionen von ca.
55 Mrd. t pro Jahr bedeuten. Damit würden wir auf eine Erderwärmung von etwa 2,7 °C hin steuern. Soviel zum Thema Anspruch und Wirklichkeit.

Um die internationale Dimension des Problems zu erkennen, werfen wir einen kurzen Blick auf die weltweiten Ressourcen an fossilen Brennstoffen, wie sie in einer Studie der Bundesanstalt für Geowissenschaften und Rohstoffe (BGR) im Jahre 2014 erstellt wurde. Aus den Zahlen für die sicher abbaubaren Reserven [11] lassen sich die Werte für die entsprechenden CO_2-Emissionen errechnen, wenn diese Vorräte total verbraucht würden.

	Vorräte	CO2-Emissionen
	in Mrd. t	in Mrd. t
Erdöl	219	760
Erdgas	158	427
Steinkohle	699	2.544
Braunkohle	286	684
		4.415

[11]

Ein Ausstoß von 40 Mrd. t an CO_2 bringt eine Konzentrationserhöhung von etwa 2,3 ppm in der Atmosphäre. Bei einem totalen Verbrauch aller Reserven würde die Erhöhung der Konzentration bei etwas über 250 ppm liegen. Damit würden allein die CO_2-Emissionen durch den restlosen Verbrauch der fossilen Vorräte für einen weiteren Temperaturanstieg um 2,0 °C auf fast 3,0 °C sorgen.

Im Umkehrschluss bedeutet das, dass bei einer Begrenzung des Temperaturanstiegs auf maximal 2 °C ca. 80 % der Reserven an fossilen Brennstoffen im Boden bleiben müssten. Diese Botschaft wird nicht in allen Teilen der Welt gut ankommen, wenn man sich die geographische Verteilung [12],[13], [14] und [15] anschaut. Es gibt vermutlich keine Verteilungskämpfe um die letzten fossilen Reserven, wohl eher ein Gezerre um die letzten Förderlizenzen.

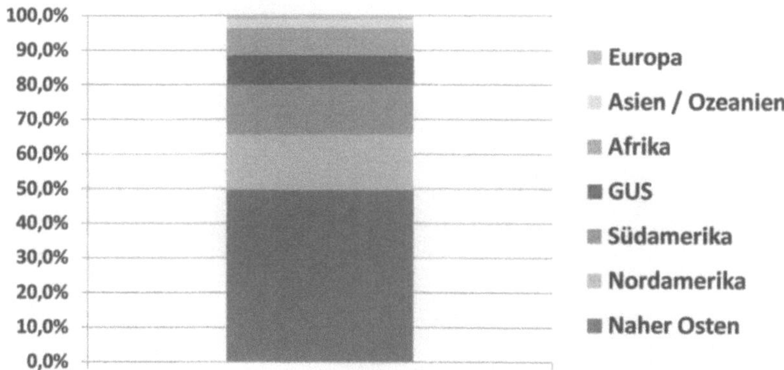

[12] Quelle: BGR

Die Gesamtmenge von 219 Mrd. t bezieht sich auf die mit heutigen technischen Mitteln abbaubaren Vorkommen. Bei stark steigenden Ölpreisen werden Lagerstätten interessant, die bis jetzt noch unangetastet bleiben. Eine weitere Ausbeutung von Ölsanden und Ölschiefern durch chemische Aufbereitung bzw. Fracking würde die Reserven erheblich erhöhen.

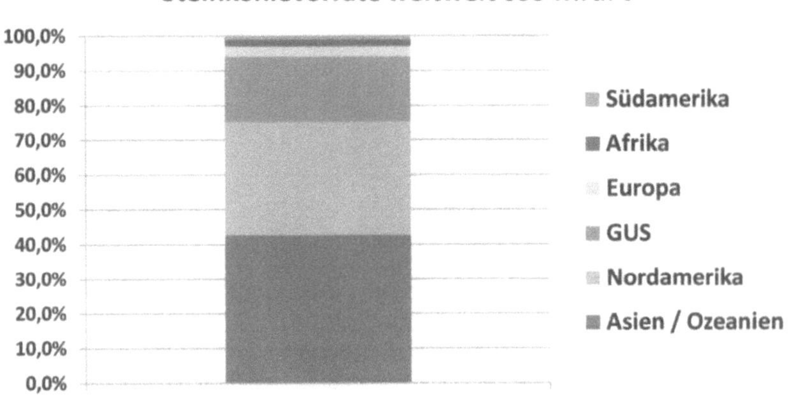

Erdgasvorräte weltweit 198 Mrd. m³

[13] Quelle: BGR

Mit den weltweiten Erdgasreserven verhält es sich ähnlich.

Steinkohlevorräte weltweit 699 Mrd. t

[14] Quelle: BGR

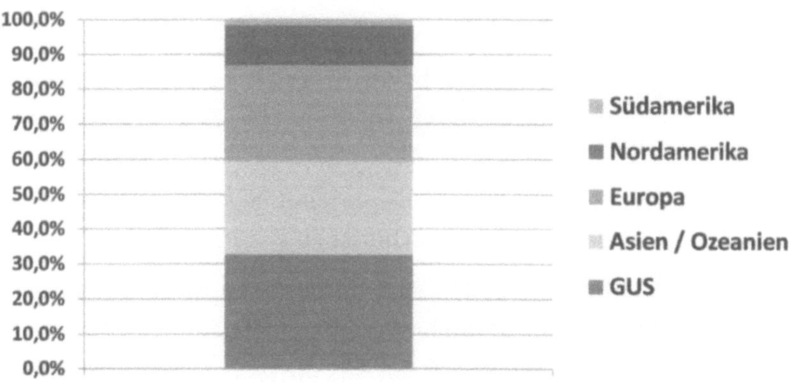

[15] Quelle: BGR

In Paris wurde weiterhin beschlossen, den Entwicklungs- und Schwellenländern von 2020 bis 2025 jährlich 100 Mio. USD zur Verfügung zu stellen. Dieser Betrag soll von den Industrieländern aufgebracht werden. Eine konkrete Aufteilung der Lasten wurde nicht beschlossen. Aus bisher vorliegenden Erfahrungen von weltweit aufgelegten Fonds kann man davon ausgehen, dass ein Bruchteil davon eingezahlt wird.

Man darf daraus jedoch nicht schließen, dass solche Veranstaltungen wie COP21 sinnlos sind. Sie richten den Fokus der breiten Öffentlichkeit auf das Problem des Klimawandels und sie bestärken diejenigen, die einen Beitrag zur Lösung des Problems liefern können, sich noch mehr anzustrengen.

Zu denjenigen, die einen starken Beitrag leisten können und wollen, zählt die Bundesrepublik Deutschland. Das hat mehrere Gründe:

1. Deutschland verfügt nicht über ausreichende Ressourcen, um seinen Energiebedarf mit fossilen oder atomaren Brennstoffen decken zu können.

2. Ständige geopolitische Verwerfungen (z.B. Ölkrise, Ukrainekonflikt, arabischer Frühling) erschweren eine langfristige sichere Versorgung mit fossilen Energieträgern.

3. Das wirtschaftliche Wachstum ist nicht mehr zwangsläufig mit einem steigenden Energiebedarf verbunden, d.h. das Wachstum ist eher qualitativ als quantitativ.

4. Deutschland verfügt über ein hohes Niveau in Forschung und Entwicklung sowie die Fähigkeit, neue Technologien zur Produktionsreife zu bringen.

5. Deutschland ist ein klassisches Exportland, das einen großen Teil seines BRP aus dem Export von technischen Gütern generiert.

6. Die erneuerbaren Industrien sind mittlerweile zu einem ernsthaften Wirtschaftsfaktor geworden.

Wenn wir über den Beitrag Deutschlands im Rahmen der COP21 Verträge reden, dann müssen wir auch den Stellenwert unserer Anstrengungen im internationalen Vergleich sehen. Nachfolgende Übersicht zeigt die sechs Spitzenreiter der weltweiten Treibhausgas-Emissionen (Stand 2013) in Prozent vom weltweiten Ausstoß .

China	26,4 %
USA	17,7 %
Indien	5,3 %
Russland	4,9 %
Japan	3,8 %
Deutschland	2,4 %

Die prozentuale Verteilung der Emissionen in Deutschland auf die verschiedenen Verursacher sieht wie folgt aus:

Energiewirtschaft	39,74 %
Industrie	19,66 %
Verkehr	16,72 %
Haushalte	10,52 %
Landwirtschaft	7,99 %
Handel und Gewerbe	5,05 %
andere	0,32 %

Der deutsche Beitrag zum weltweiten Klimaschutz kann nicht nur an der zahlenmäßigen Reduzierung der Emissionen gemessen werden, weil er fast unbedeutend ist. Viel wichtiger ist der Nachweis, dass es in einem technisch hoch entwickelten Land möglich ist, einen messbaren Anteil zur Begrenzung des Klimawandels ohne Nachteile für die internationale Wettbewerbsfähigkeit zu leisten. Die Entwicklung im Bereich der erneuerbaren Energien in Deutschland hat in den letzten Jahren gezeigt, dass die neuen Technologien sogar einen positiven gesamtwirtschaftlichen Effekt haben.

Vor diesem Hintergrund muss man die sehr ambitionierten Ziele der BRD zum Thema Emissionseinsparungen sehen.

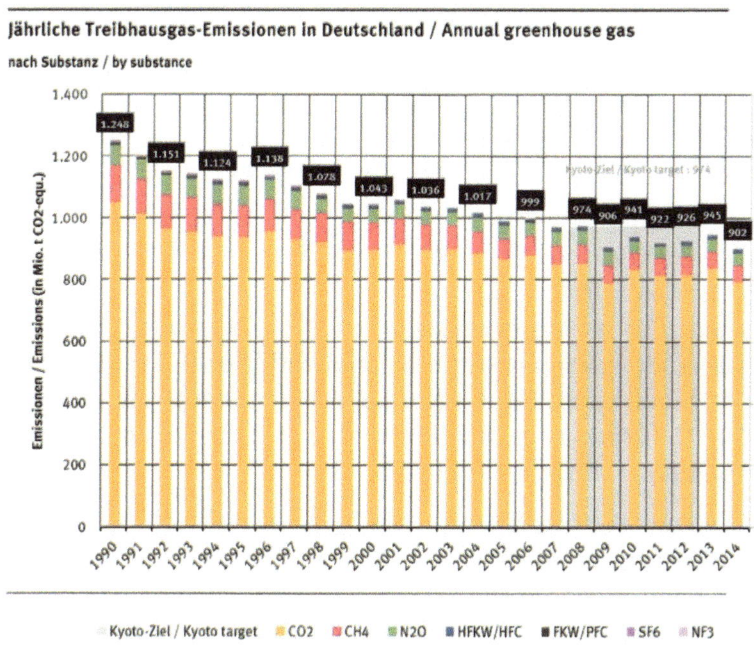

[18] Quelle: Umweltbundesamt

Tabelle [18] zeigt die Entwicklung der Emissionen von 1990 bis 2014. Das Ziel aus dem Kyoto-Protokoll lag für 2012 bei 974 Mio t

CO_2-Äquivalent. Dieser Wert wurde deutlich unterschritten. Heute wissen wir, dass der damals ausgehandelte Kompromiss absolut nicht zielführend war.

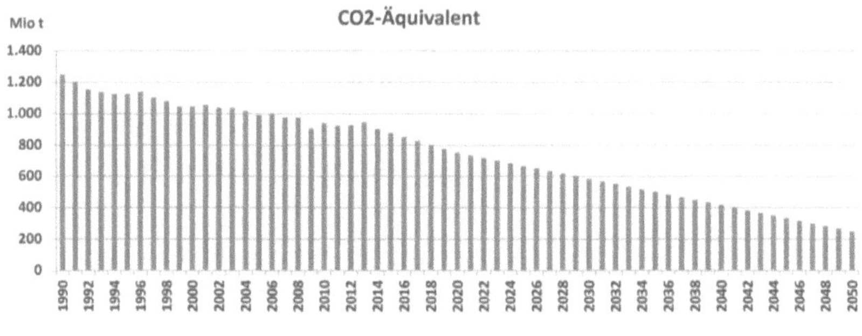

[19]

Die Zielvorgabe für Deutschland laut COP21 Vertrag zeigt Bild [19].

Bezogen auf die Werte von 1990 bedeutet das
bis 2020 – 40 %, d.h. 749 Mio t CO_2-Äquivalent
bis 2050 – 80 %, d.h. 250 Mio t CO_2-Äquivalent

Vergleicht man die tatsächliche Entwicklung bis 2014 mit den Zielvorgaben bis 2050, dann sieht das in der Tat sehr sportlich aus, ist aber nicht unmöglich. Ein wichtiger Baustein, um diese Ziele zu erreichen, ist die Energiewende - weg von den atomaren und fossilen Energiequellen hin zu den erneuerbaren. Der Monitoring-Bericht "Energie der Zukunft" vom 19.11.2015 (Drucksache 18/6780) zeigt, wie die Energiewende qualitativ und quantitativ aussehen soll [20].

Die Rahmenbedingungen:
- Versorgungssicherheit,
- Kernenergie-Ausstieg,
- Bezahlbarkeit und Wettbewerbsfähigkeit,
- Netzausbau,
- Forschung und Innovation,
- Investitionen, Wachstum und Beschäftigung.

Die quantitativen Ziele:

		2014	2020	2030	2040	2050
ERNEUERBARE ENERGIEN	Anteil am Bruttoendenergieverbrauch	13,50%	18%	30%	45%	60%
	Anteil am Bruttostromverbrauch	27,40%	mind. 35%	mind. 50%	mind. 65%	mind. 80%
	Anteil am Wärmeverbrauch	12%	14%			
	Anteil im Verkehrsbereich	5,60%				
EFFIZIENZ UND VERBRAUCH	Primärenergieverbrauch ggü. 2008	-8,70%	-20%	------------	------------	-50%
	Endenergieproduktivität 2008 bis 2050	1,6 % / a 2008 - 2014		2,10% 2008 - 2050		
	Bruttostromverbrauch ggü. 2008	-4,60%	-10%	------------	------------	-25%
GEBÄUDE	Primärenergiebedarf Gebäude ggü. 2008	-14,80%	------------	------------	------------	-80%
	Wärmebedarf Gebäude ggü. 2008	-12,40%	-20%			
	Anteil erneuerbare Energien am Wärmeverbrauch	12%	14%			
VERKEHR	Endenergieverbrauch Verkehr ggü. 2005	1,70%	-10%	------------	------------	-40%
	Anteil erneuerbare Energien im Verkehrsbereich	5,60%				

[20]

Im Laufe der letzten Jahre wurden unzählige Szenarien von den verschiedensten Behörden und Institutionen entwickelt, wie diese Vorgaben erfüllt werden könnten. Sie alle haben eines gemeinsam: die den Studien zugrunde liegenden Annahmen sind teilweise überholt oder sogar unrealistisch.

Um eine aussagekräftige Roadmap für Deutschland erstellen zu können, muss sichergestellt werden, dass der Ausstieg aus der Kernenergie nicht widerrufen wird und der geplante Kohlekonsens zustande kommt. Auf dieser Basis ließe sich ein nachhaltiger Entwicklungsplan für die erneuerbaren Energien und den Einstieg in die Wasserstoff Technologie erstellen. Die Roadmaps für die EU oder gar weltweite Richtlinien sind weitgehend als Wunschlisten zu betrachten, wie wir sie als Kinder kurz vor Weihnachten erstellt haben.

Wie viel Staat muss sein?

vom Gebietsmonopol zum freien Markt

Wir Bürger treten an den Staat bestimmte Rechte und vor allen Dingen Steuern ab. Als Gegenleistung erwarten wir die Absicherung unserer Grundbedürfnisse nach Sicherheit, Bildung, Nahrung, Wohnraum und eben auch Energie. Die Versorgungssicherheit für die Bürger zu gewährleisten, ist ein hohes politisches Ziel. Die Energiesicherheit hat sowohl kurzfristige als auch langfristige Aspekte und beeinflusst die Wirtschafts-, Außen- und Geopolitik. Um den deutschen Energiemarkt zu verstehen, werfen wir einen kurzen Blick auf die Entwicklung in den letzten 80 Jahren.

Das Maß aller Dinge in der Energiewirtschaft ist das Energiewirtschaftsgesetz (EnWG). In seiner ersten Fassung aus dem Jahre 1935 wurde schon als Ziel ausgegeben, die Energieversorgung so sicher und so billig wie möglich zu machen. Damals herrschte die ideologisch geprägte Meinung, dass Wettbewerb volkswirtschaftlich schädlich ist. Daher wurden den Versorgungsunternehmen - meist Stadtwerken - durch Konzessionsverträge mit den Kommunen und gegenseitigen Demarkationsverträgen entsprechende Gebietsmonopole zugesichert.

Mit dem Aufkommen der Ideen einer freien Marktwirtschaft wurde 1957 das "Gesetz gegen Wettbewerbsbeschränkungen (GWB)" erlassen. Obwohl dieses Gesetz die Grundlage unseres heutigen Kartellrechts bildete, hat man sich zu diesem Zeitpunkt noch nicht an die Energiewirtschaft herangetraut, weil die ehemals stark ausgeprägte dezentrale Struktur des Marktes inzwischen einer fast monopolistischen Marktbeherrschung durch vier große Energieversorger gewichen ist. Man hat Demarkationsverträge weiterhin erlaubt.

Erst 1998 kommt Bewegung in den Markt, nicht zuletzt durch die 1996 vom europäischen Parlament beschlossene "EG-Richtlinie zum Energiebinnenmarkt". Das "Gesetz zur Neuregelung des Energiewirtschaftsrechts" bringt den Durchbruch in Richtung eines liberalisierten Energiemarktes. Neben dem Verbot von Demarkationsverträgen zwischen den Energieversorgern wird jetzt eine Entflechtung der Unternehmensbereiche Erzeugung, Übertragung und Verteilung für vertikal integrierte Versorger geregelt. Das Gebietsmonopol wird auf den Netzbetrieb reduziert. Der Netzbetreiber muss Dritten erlauben, Strom durch sein Netz zu leiten und Abnehmern anzubieten.

Von den beiden Modellen für einen liberalisierten Energiemarkt - regulierter Netzzugang oder verhandelter Netzzugang - hat sich Deutschland als einziges Land für letztere Lösung entschieden. Bedingungen und Preise für die Durchleitung von Strom wurden im Wesentlichen zwischen der Industrie, vertreten durch den BDI, und den Versorgungsunternehmen, vertreten durch den VDEW ausgehandelt. Es sollte also keine Regulierungsbehörde geben. Die Zielbestimmungen des EnWG wurden ganz zaghaft um die Umweltverträglichkeit der Energieversorgung ergänzt.

2005 wird der verhandelte Netzzugang durch den regulierten Netzzugang ersetzt und der Messstellenbetrieb liberalisiert (intelligent meetering). 2011 wird eine weitere Entflechtung der Netzbetreiber (Übertragungs-, Fernleitungs- und Verteil- Netzbetreiber) angeordnet. Die technischen Vorschriften wurden jeweils weitgehend übernommen und angepasst. In der jetzt vorliegenden Form ist das EnWG das wichtigste Regelwerk für die Energieversorgung.

An dieser Stelle sollen nur 2 Paragraphen des Gesetzes zitiert werden.

§ 1 Zweck des Gesetzes

(1) Zweck des Gesetzes ist eine möglichst sichere, preisgünstige, verbraucherfreundliche, effiziente und umweltverträgliche leitungsgebundene Versorgung der Allgemeinheit mit Elektrizität und Gas, die zunehmend auf erneuerbaren Energien beruht.

(2) Die Regulierung der Elektrizitäts- und Gasversorgungsnetze dient den Zielen der Sicherstellung eines wirksamen und unverfälschten Wettbewerbs bei der Versorgung mit Elektrizität und Gas und der Sicherung eines langfristig angelegten leistungsfähigen und zuverlässigen Betriebs von Energieversorgungsnetzen.

(3) Zweck dieses Gesetzes ist ferner die Umsetzung und Durchführung des Europäischen Gemeinschaftsrechts auf dem Gebiet der leitungsgebundenen Energieversorgung.

§ 36 Grundversorgungspflicht

(1) Energieversorgungsunternehmen haben für Netzgebiete, in denen sie die Grundversorgung von Haushaltskunden durchführen Allgemeine Bedingungen und Allgemeine Preise für die Versorgung in Niederspannung und Niederdruck öffentlich bekannt zu geben und im Internet zu veröffentlichen und zu diesen Bedingungen und Preisen jeden Haushaltskunden zu versorgen. Die Pflicht zur Grundversorgung besteht nicht, wenn die Versorgung für das Energieversorgungsunternehmen aus wirtschaftlichen Gründen nicht zumutbar ist.

(2)...........

Im § 1 wird die Forderung nach dem zunehmenden Einsatz von erneuerbaren Energien deutlich. Der § 36 verdeutlicht das Bestreben nach Versorgungssicherheit für jeden einzelnen Bundesbürger.

Der 1998 gegründeten Bundesnetzagentur wurde 2005 auch die Regulierung des Energiemarktes übertragen. Die "BNetzA", wie sie abgekürzt heißt, ist eine deutsche obere Bundesbehörde und unterliegt mit Ausnahme der Eisenbahninfrastruktur der fachlichen Kontrolle durch das Bundesministerium für Wirtschaft und Energie (BMWi).

Die alarmierenden Daten über die weltweiten Klimaveränderungen und die bereits deutlich ansteigenden Schäden durch die steigende Dynamisierung des Wettergeschehens fanden seit 1990 Eingang in die Umweltpolitik. Es war von Anfang an klar, dass dieses Problem nur international zu lösen ist, aber nicht auf der Basis einer freien Marktwirtschaft sondern durch staatliche Regulierung. Wenn man sich die Vorgeschichte zum Kyoto-Protokoll von 1997 anschaut, die lange Zeitspanne bis zur Ratifizierung und das Gezerre um die verbindlichen Quoten der einzelnen Länder, dann kann man erkennen, dass die nationalen Interessen der einzelnen Staaten - in den meisten Fällen auch nachvollziehbar - keine schnelle Lösung zulassen.

In Deutschland ist der politische Wille zu weitreichenden Veränderungen seit 1990 stetig gewachsen. Vom "Stromeinspeisungsgesetz" von 1991 über die diversen Fassungen des "Gesetz für den Ausbau erneuerbarer Energien (EEG)" ab 2000 bis zur heuten Fassung von 2014 hat der Staat verschiedentlich stark in den Markt eingegriffen. Der wesentlichste Einschnitt war sicherlich die vorrangige Einspeisung für erneuerbare Energien. Auf die wichtigsten Details des Gesetzes wird an anderer Stelle eingegangen.

Weltweit ist man sich einig, dass die Kosten zur Begrenzung des Klimawandels nicht von den Staaten allein getragen werden können. Vergleicht man die vielen internationalen Studien, dann kann man im Mittel davon ausgehen, dass ca. 60 % der Kosten von privaten oder institutionellen Anlegern getragen werden sollten. Der Staat ist also gut beraten, wenn er entsprechende Anreize schafft. Dies kann durch die Förderung von Entwicklungen und die Bezuschussung von technisch sinnvollen aber noch nicht kostendeckenden Anschaffungen erfolgen. Auch darauf wird später im Detail verwiesen.

Verfolgt man die täglichen Vorschläge der einzelnen Politiker zum Thema Energiewende und die jeweils nachfolgenden kritischen Anmerkungen der betroffenen Branchenverbände, dann entsteht der sicherlich oft falsche Eindruck, dass bei vielen Akteuren die notwendige Sachkenntnis fehlt. Es fehlt lediglich ein Gesamtkonzept, aus dem sich mit Hilfe eines engmaschigen Monitoring-Systems kurz- und mittelfristige Strategien ableiten lassen. Der zeitliche Horizont für das internationale Klimaabkommen von Paris liegt im Jahr 2050. Wie wir alle aus der guten alten Netzplantechnik wissen, müssen wir das Pferd tatsächlich von hinten aufzäumen und von den Zielen für das Jahr 2050 ausgehen. Alle Strategien und Maßnahmen müssen per Monitoring auf die Einhaltung des Endziels hin überprüft werden. Das ist sowohl im politischen Alltagsbetrieb wie auch im meist kurzfristigen Denken der Wirtschaft sehr schwierig. Deshalb sei an dieser Stelle der Versuch gestattet, die Komplexität der Energiepolitik einmal bildlich darzustellen.

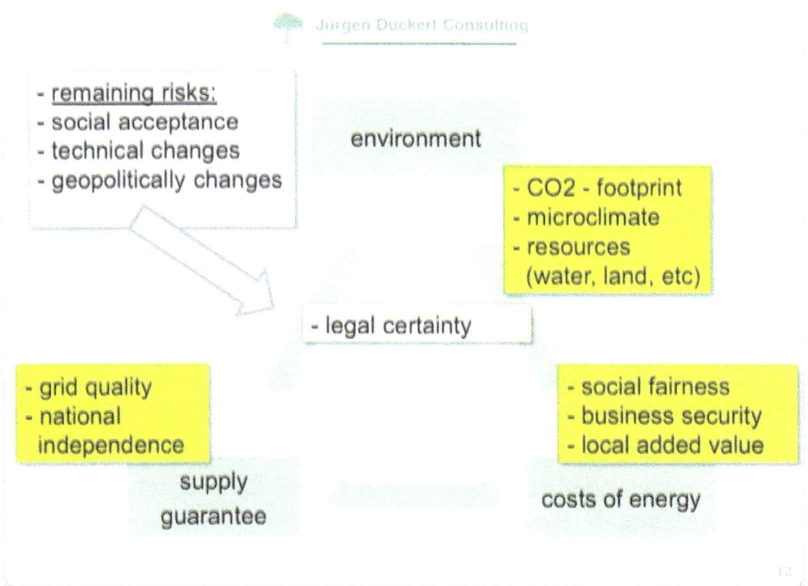

[21] Quelle: JDC; Vortrag Abu Dhabi

Die Energiepolitik bewegt sich ständig in dem "magischen" Dreieck mit den Eckpunkten "Umwelt- *environment*", "Versorgungssicherheit- *supply guarantee*" und "Energiekosten- *cost of energy*" [21]. Die Magie des Dreiecks ergibt sich aus der Tatsache, dass jeder Eingriff an jeder beliebigen Stelle direkte Auswirkungen auf alle Teile des Systems hat. Der Schwerpunkt des Dreiecks kann sich je nach parteipolitischer Gewichtung der Argumente leicht verändern und ist auch über längere Zeit Änderungen unterworfen. Die Grundstruktur bleibt jedoch erhalten.

Der Bereich "**Umwelt**" beinhaltet den Umgang mit dem Klimawandel, die Umweltverträglichkeit, die Emissionen von Treibhausgasen sowie die Verknappung wichtiger Ressourcen. Hierzu gibt es internationale Verpflichtungen und Verträge, die nicht ohne weiteres zur Disposition stehen. Deutschland hat seine Zusage nach dem Rahmenübereinkommen von Kyoto im Jahre 1997, ratifiziert durch das Deutsche Parlament im Jahre 2005, die Emission von Treibhausgasen bis zum Jahre 2012 bezogen auf den Stand von 1990 um 21 % zu reduzieren, mit 24,8 %

übertroffen. Die Zusagen nach COP21 gehen noch wesentlich weiter und sind völkerrechtlich verbindlich, auch wenn die Verträge keine ausdrücklichen Sanktionen bei Nichteinhaltung vorsehen.

Bei allen Überlegungen zur Energiewende muss auch beachtet werden, dass Wasser und landwirtschaftlich nutzbare Flächen zu den am schnellsten schwindenden Ressourcen gehören. Neue Technologien müssen diesen Einschränkungen Rechnung tragen.

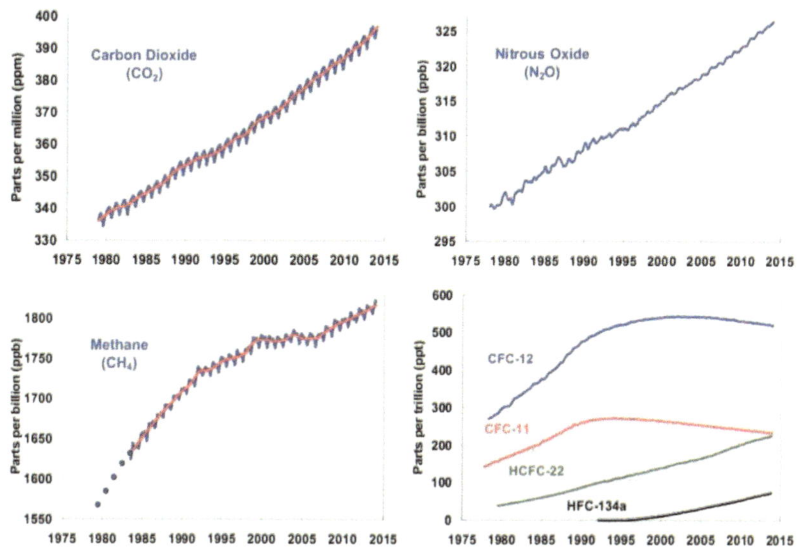

[22] Quelle: NOAA (National Oceanic and Atmosphere Administration)

Die von der NOAA (National Oceanic and Atmosphere Administration) veröffentlichten Kurven [22] zeigen jedoch deutlich, dass alle Emissionen von Treibhausgasen, mit Ausnahme von FCKW, weltweit weiter gestiegen sind. Eine der wichtigsten Aufgaben der Politik ist das stetige Bemühen, ein neues international verbindliches Rahmenabkommen zur Reduzierung der Emissionen zu erreichen. Vor diesem Hintergrund wird oft die Frage nach der Sinnhaftigkeit der deutschen Anstrengungen gestellt, die erheblich über dem weltweiten Durchschnitt liegen.

Deutschland hat im Bereich der erneuerbaren Energien seit Anbeginn eine wichtige Rolle bei der Entwicklung von Technologien und Produkten übernommen und sollte dies auch in Zukunft tun. Der freiwillige und teilweise auch "unfreiwillige" Technologie-Transfer hat einerseits Arbeitsplätze in Deutschland geschaffen und andererseits in vielen Regionen der Welt die Energiewende vorangetrieben.

Die "**Versorgungssicherheit**" betrifft alle technischen Anforderungen an die Netzqualität sowie die Verfügbarkeit der primären Energieträger. Über die technischen Aspekte gibt das Kapitel "Der Strom kommt aus der Steckdose" nähere Auskunft. Der Zugang zu den Rohstoffen für fossile und atomare Kraftwerke ist für Deutschland, das über sehr wenig eigene Ressourcen verfügt, von großer strategischer Bedeutung.

Die deutsche Außen- Wirtschafts- und Geopolitik wird stark von der Importabhängigkeit von primären Energieträgern bestimmt. Sie reagiert empfindlich auf internationale Krisen, die Einfluss auf die Versorgungssicherheit haben können.

Die Ölkrise von 1973 hat heftige Reaktionen der Bundesregierung ausgelöst. Es wurde das Energiesicherungsgesetz verabschiedet. Fahrverbote und Geschwindigkeitsbegrenzungen wurden eingeführt. Man diskutierte die Offshore-Förderung von Erdöl, strategische Ölreserven sowie die Einführung von Biokraftstoffen. Außerdem wurde wieder mehr auf die Kernenergie gesetzt und man erkannte, dass Energiesparen unsere beste Energiequelle ist.

Der nächste Schock kam 2011 mit der Katastrophe von Fukushima. Mit dem Beschluss, noch schneller aus der Kernenergie auszusteigen, hat man zwar die Grünen eben mal links überholt, aber der Energiewende und dem Klimaschutz keinen Gefallen getan. Man hat die erneuerbaren Energien unnötig unter Zeitdruck gesetzt, indem man sie der bestmöglichen Brückentechnologie beraubt hat. Das war mit ein Grund für den Anstieg der Energiekosten. Weiterhin bleibt abzuwarten, ob die Betreiber der AKW's Entschädigungen in beträchtlicher Höhe einfordern werden.

Die Lösung der Probleme schien das Erdgas zu sein, vornehmlich aus Russland bezogen. Ab 2012 und der ersten Ukrainekrise hat man erkannt, welches Risiko für die Versorgungssicherheit damit verbunden war. Man musste die geplante Kürzung der Energieversorgung durch Kohle - und vor allen Dingen durch Braunkohle - überdenken, nicht zuletzt durch den damit verbundenen Abbau von Arbeitsplätzen in strukturschwachen Regionen.

Um die Energiewende ohne Abstriche beim Klimaschutz durchzuziehen, hat der Staat erhebliche Mittel für die Einführung von Speichertechnologien für erneuerbare Energien eingesetzt und wird dies in Zukunft in noch stärkerem Maße tun müssen.

In dem Block "**Energiekosten**" sind alle Probleme der sozialen Verträglichkeit bei der Preisgestaltung sowie die Standortsicherung für stark energieabhängige Unternehmen verpackt. Der Handel mit Emissionsrechten muss neu geregelt werden, die Befreiung von energieintensiven Branchen von der EEG-Umlage muss überdacht werden, die Entwürfe für den Strommarkt 2.0 müssen langsam umgesetzt werden. Dabei sollen die privaten Haushalte nicht über Gebühr belastet werden und für die Industrie dürfen keine Standort-Nachteile entstehen - wahrlich keine leichte Aufgabe.

Zusätzlich gibt es noch Einflüsse von außerhalb: Akzeptanz in der Bevölkerung, Wünsche der diversen Lobbyisten und geopolitische Veränderungen. In dieser schwierigen Gemengelage sollen die politischen Entscheidungen zu der nötigen **Rechtssicherheit** führen, die für die Finanzierung von Investitionen unabdingbar ist. Kraftwerke, ob auf atomarer, fossiler oder erneuerbarer Basis, sie alle werden mit einer bestimmten Abschreibungsdauer und mit jährlichen Betriebsstunden kalkuliert um rentabel und damit finanzierbar zu sein. Die Abschreibungsdauer für solche Projekte liegt bei 20 Jahren und mehr. Man kann deshalb einen Wechsel nicht einfach per Gesetz beschließen, ohne Bestimmungen zur Investitionssicherheit zu beachten und Regressansprüche zu vermeiden.

Daneben gibt es natürlich auch systembedingte parteipolitische Entscheidungen, die oft nicht viel mit der Sache zu tun haben. Insgesamt aber scheinen wir in Deutschland den Spagat zwischen freier Marktwirtschaft und staatlicher Regulierung ganz gut zu beherrschen.

Jahrelang hatten wir immer wieder das Problem, dass Im Bereich der Energiewende ein Konflikt zwischen Ökonomie und Ökologie gesehen wurde. Volkswirtschaftlich betrachtet sind wir heute in der komfortablen Situation, dass Bruttosozialprodukt und Energieverbrauch seit einigen Jahren entkoppelt sind, wie Graphiken [23] und [24] deutlich zeigen.

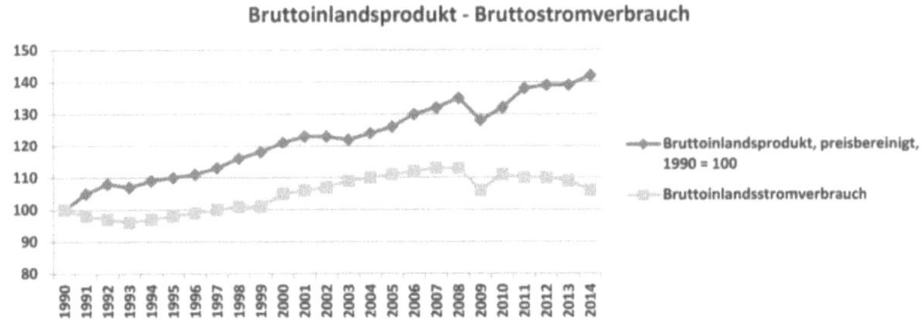

[23] Quelle: Statistisches Bundesamt

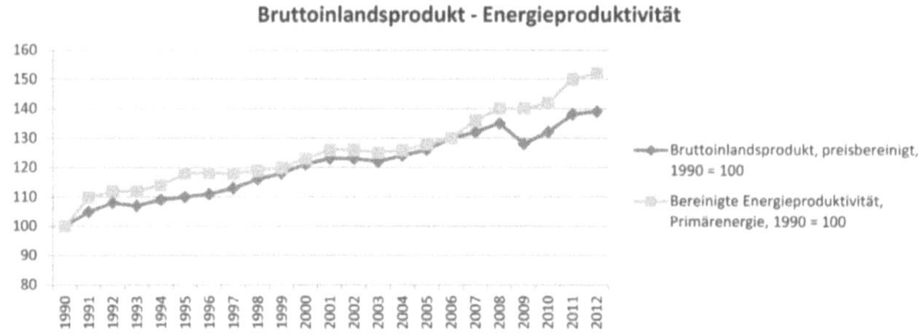

[24] Quelle: Statistisches Bundesamt

Diese Tatsache ist typisch für einen gesättigten Markt, in dem das Wachstum hauptsächlich qualitativ und weniger quantitativ verläuft. In Schwellen- und Entwicklungsländern sieht das natürlich nicht so positiv aus. Das bedeutet, dass in Deutschland Energiesparen keinen negativen Einfluss auf das Wirtschaftswachstum hat. Die ehrgeizigen Ziele der

Bundesrepublik (Halbierung des Verbrauchs an Primärenergie) lassen sich nicht ohne Ausschöpfung aller Einsparmöglichkeiten erreichen. Damit wird auch klar, dass ein ganzes Bündel von Gesetzen, Verordnungen und Förderprogrammen benötigt wird, getreu dem Motto „fördern und fordern". Die folgende Aufstellung kann nicht vollständig sein. Es wird versucht, die wesentlichen Bereiche darzustellen.

Für die Energiewirtschaft ist das EEG das wichtigste Instrument. Die vorrangige Einspeisung, die Vergütung der in das Netz eingespeisten Energie, die Verpflichtung zur Direktvermarktung, die Ausweitung der Ausschreibungen und die Regelungen für den Eigenverbrauch sind die wesentlichsten Bestandteile des Gesetzes. Flankiert werden die gesetzlichen Regelungen durch gezielte Kredite der KfW für den Bau von PV- und Wind-Anlagen sowie Energiespeicher. Ziel der Neufassung des EEG (EEG 2016) ist die weitere Umstellung von politisch festgesetzten Preisen auf wettbewerbliche Ausschreibungen.

Die Ausbaupfade folgen den Bestimmungen aus dem EEG 2014 wie folgt:

Wind an Land	2.500 MW / a
Wind auf See	6.500 MW in 2020
	11.000 MW in 2025
	15.000 MW in 2030
Solar	2.500 MW / a
Biomasse	100 MW / a

Das Ausschreibungsverfahren, das bisher schon für PV-Anlagen praktiziert wurde, wird beibehalten und erweitert. Folgende Anlagen werden ausgeschrieben:

Wind an Land	2017, 2018 und 2019 jeweils 2.800 MW brutto, ab 2020 2.900 MW brutto.
Wind auf See:	von 2021 bis 2030 jährlich 730 MW
Photovoltaik:	600 MW jährlich für Anlagen >750 kW
Biomasse:	2017, 2018 und 2019 jeweils 150 MW, 2020 bis 2022 jährlich 200 MW für Anlagen > 150 kW

Mit diesem Ausschreibungsvolumen wird etwa 80 % des jährlichen Zubaus erfasst. Wie viele der genehmigten Ausschreibungsprojekte letztendlich ans Netz gehen, bleibt abzuwarten. In Richtung Kosteneffizienz wurden mehrere Maßnahmen beschlossen.

a. Die Zubaumenge von Wind an Land wurde in Gebieten mit Netzengpässen begrenzt. Hier werden nur noch 58 % des durchschnittlichen Zubaus der Jahre 2013 bis 2015 zugelassen.
b. Zur Verminderung von Abregelungen wird ein Instrument geschaffen, das die Nutzung des Stroms im Wärmebereich als zuschaltbare Last vorsieht.
c. Durch ein Referenzertragsmodell werden für Windparks vergleichbare Wettbewerbsbedingungen in ganz Deutschland geschaffen.
d. Ab 2025 werden für Windparks auf See geeignete Gebiete für Ausschreibungen voruntersucht, um die Netzanbindung optimal zu gestalten.
e. Im Bereich Photovoltaik werden die Bundesländer ermächtigt, die Nutzung von Acker- und Grünflächen in bestimmten Gebieten zuzulassen.

Ein weiterer Baustein in Richtung Energiesparen ist die sogenannte Kraft-Wärme-Kopplung. Darunter versteht man die gleichzeitige Gewinnung von elektrischer Energie und Heiz- oder Prozesswärme. Die gleichzeitige Bereitstellung von Strom und Wärme reduziert den Brennstoffbedarf und damit die Schadstoffemissionen. Solche Anlagen sind üblicherweise städtische oder regionale Heizkraftwerke sowie Blockheizkraftwerke (BHKW) für Betriebe oder Wohngebäude. Das Kraft-Wärme-Kopplungsgesetz (KWKG) in seiner letzten Fassung von 2015 regelt die Vergütung von elektrischer Energie aus solchen Anlagen, die in das öffentliche Netz eingespeist werden. Einspeisevorrang und Vergütung sind ähnlich wie im EEG geregelt. Die Vergütungen werden auf alle Verbraucher umgelegt. Aktuell liegt die Umlage bei ca. 0,25 €Cent pro kWh.

Um wie geplant einen klimaneutralen Gebäudebestand bis 2050 zu schaffen, wurden die Wärmeschutzverordnung und die Heizanlagenverordnung in der neuen Energieeinsparverordnung (EnEV) zusammengefasst [25]. Gebäude werden entsprechend ihrer Energieeffizienz klassifiziert

Klasse	kWh/m²/a	Klasse	kWh/m²/a
A+	< 30	E	< 150
A+	< 50	F	< 200
B	< 75	G	< 250
C	< 100	H	> 250
D	< 130		

[25]

Bestehende Gebäude werden nach ihrem Energieverbrauch, neue Gebäude nach ihrem Energiebedarf beurteilt. Als Dokument dient der Energieausweis (Energiepass). Auch im Baubereich gibt es zinsgünstige Kredite und Tilgungsbeihilfen durch die KfW.

Im Verkehrsbereich gibt es ebenfalls einige Ansätze zur Reduzierung der Emissionen von Schadstoffen, allerdings nur halbherzig und entsprechend erfolglos. Man glaubte, über die Einführung des „Flottenverbrauchs", den Durchschnittswert des Verbrauchs der gesamten Produktpalette eines Herstellers, entsprechend auf die Entwicklung energiesparender Kraftfahrzeuge einwirken zu können. Schon die obskuren Berechnungsmodi mit vielen Ausnahmen und die Zugrundelegung des Normverbrauchs als Berechnungsbasis bieten viel zu viele Schlupflöcher für die Hersteller. Der Durchschnittswert der CO_2-Emissionen für alle PKWs sollte 2015 bei 130 mg/km liegen. Für Elektroautos und Fahrzeuge mit Hybridantrieb werden unzulässige Boni vergeben. Die direkte Förderung beim Kauf von Elektro- und Hybrid-Fahrzeugen ist in Fachkreisen umstritten.

Die von der KfW bereitgestellten Fördermittel werden nur zögerlich abgerufen. Das liegt zum Teil auch daran, dass die Automobilindustrie nur langsam und unflexibel auf die veränderten Anforderungen reagiert. Solange die meisten Gewinne noch durch den Export von Fahrzeugen der Premiumklasse erzielt werden können, wird sich daran so schnell nichts ändern. Das führt zu der kuriosen Situation, dass sich potentielle Groß-kunden, wie z.B. die Post oder UPS, selbst behelfen und den Neubau oder die Umrüstung von E-Mobilen in eigener Regie durchführen.

[26] Quelle: Deutsche Bundespost

Ein weiterer Versuch, die Schadstoffemissionen im Verkehrsbereich einzudämmen, war das Biokraftstoffquotengesetz (BioKraftQuG). Bis 2015 sollte der Anteil der Biokraftstoffe auf 8 % ansteigen. Das Gesetz wurde 2015 durch die neue europäische Richtlinie zur Reduzierung der Treibhausgase von Fahrzeugen abgelöst. Hier wird eine Reduzierung der Abgase um jährlich 3,5 % ansteigend auf jährlich 6 % bis 2020 gefordert. Inwieweit diese Forderungen durch die Industrie eingehalten werden, muss sich erst noch erweisen.

Die Ratifizierung eines neuen Strommarktgesetzes sowie eines Gesetzes zur digitalen Erfassung von Verbrauchsdaten stehen derzeit an. Besonders das Strommarktgesetz 2.0, das weite Teile des EnWG erneuern wird, ist ein wesentlicher Baustein der geplanten Energiewende.

Der Spagat zwischen dem alten Energiewirtschaftsgesetz und dem Erneuerbare-Energien-Gesetz wurde in letzter Zeit zu groß.

Die Reform des Strommarktes folgt im Wesentlichen dem vom BMWi 2015 veröffentlichten Weißbuch „Ein Strommarkt für die Energiewende" mit dem Ziel, den Strommarkt weiterhin sicher, kosteneffizient und umweltverträglich zu gestalten. Zur Diskussion standen 3 Varianten:

1. Einführung eines umfassenden oder selektiven zentralen Kapazitätsmarktes,
2. Einführung eines umfassenden dezentralen Kapazitätsmarktes,
3. Weiterentwicklung des Strommarktes und Einführung einer Kapazitätsreserve.

Man hat sich für die Variante 3 entschieden. Diese Entscheidung ist nachvollziehbar, wenn man den Zeithorizont bis zum Jahre 2020 begrenzt. Für das Erreichen der Klimaschutzziele 2050 ist die Einführung eines Kapazitätsmarktes zusätzlich zum Strommarkt unabdingbar.

Der Ausbau der erneuerbaren Energien und die weitgehende Liberalisierung des Strommarktes haben zeitweise zu einem massiven Überangebot an Kapazitäten bei der Stromerzeugung geführt. Parallel zu dieser Entwicklung sehen wir im Moment sehr niedrige Preise für die fossilen Brennstoffe und den Handel mit Emissions-Zertifikaten. Zusammengenommen führt dies zu extrem niedrigen Strompreisen im Stromhandel.

Der Strommarkt muss vor allen Dingen die Versorgungssicherheit gewährleisten, sowohl bezüglich der Verfügbarkeit wie der Qualität. Ein wesentlicher Aspekt ist hierbei die Synchronisation von Einspeisung und Entnahme zu jedem Zeitpunkt. Durch die vorrangige Einspeisung der erneuerbaren Energien ist die Einspeisung aus fossilen Rohstoffen in der bestehenden Struktur nicht mehr haltbar, wenn die Klimaziele erreicht werden sollen. Einerseits gilt es, die Vorhaltefunktion des Marktes durch die Bereitstellung der nötigen Kapazitäten zu sichern, andererseits muss die Einsatzfunktion durch entsprechende Preissignale gesteuert werden.

In diesem Sinne sind einige wichtige Punkte im EnWG verändert bzw. ergänzt worden:

- freie Preisbildung für Elektrizität nach wettbewerblichen Grundsätzen,

- keine regulatorische Beschränkung der Preise im Großhandelsmarkt,

- leichterer Zugang von Erneuerbare-Energien-Anlagen und Lastmanagementmaßnahmen zum Regelleistungsmarkt,

- effizientere Netzplanung,

- Überführung von 2,7 GW Braunkohlekraftwerke in eine 4-jährige Regelreserve schrittweise ab 2016,

- effizientere Kopplung des Wärme- und Verkehrssektors mit dem Elektrizitätssektor,

- Stärkung des regionalen Verbunds mit den Nachbarstaaten zum besseren Ausgleich von Lastspitzen und Erzeugungskapazitäten.

Ein wichtiger Schritt zur Stärkung des regionalen Verbunds ist die am 08.06.2015 getroffene Vereinbarung von 12 Staaten (Belgien, Niederlande, Luxemburg, Frankreich, Deutschland, Österreich, Schweiz, Norwegen, Schweden, Dänemark, Polen und Tschechische Republik), im Bereich der Stromversorgungssicherheit enger zusammenzuarbeiten. Sie umfasst folgende wichtigen Punkte:

Die Nachbarstaaten vereinbaren, verstärkt auf die Flexibilisierung von Angebot und Nachfrage zu setzen, und dafür Marktsignale und Preisspitzen zu nutzen; sie kommen darin überein, keine gesetzlichen Preisobergrenzen einzuführen und Flexibilitäts-Barrieren abzubauen.

Die Nachbarstaaten werden die Netze weiter ausbauen und den Stromhandel auch in Zeiten von Knappheit nicht begrenzen.

Die Nachbarstaaten werden künftig die Versorgungssicherheit verstärkt im europäischen Verbund berechnen und hierfür eine gemeinsame Herangehensweise entwickeln.

Eine wichtige Ergänzung zum Strommarktgesetz ist das „Gesetz zur Digitalisierung der Energiewende". Die Europäische Kommission empfiehlt die Ausstattung von mindestens 80 % der Letztverbraucher von Strom und Gas mit intelligenten Messsystemen. Im Bereich der Stromversorgung folgt das neue Gesetz dieser Empfehlung. Im Moment sind davon zunächst Letztverbraucher mit einem jährlichen Stromverbrauch ab 6.000 kWh betroffen.

Die digitale Datenerfassung bringt einige Vorteile:

- bessere Steuerungsmöglichkeiten für Netzbetreiber und Erzeuger,

- Steuerung des eigenen Verbrauchsverhaltens durch den Verbraucher,

- Steigerung der allgemeinen Energieeffizienz,

- Schaffung einer Basis für variable Tarife.

Die Kosten pro Messstelle werden auf ca. € 20 geschätzt. Das entspricht dem möglichen jährlichen Einsparpotential bei einem Jahresverbrauch von 4.000 kWh.

In den nächsten Jahren wird es eine ganze Reihe von weiteren Anpassungen und neuen Verordnungen geben müssen. Ohne staatliche Regulierung wird die Energiewende nicht zu schaffen sein. Sie darf aber auch das reichlich vorhandene Engagement der Bürger nicht abwürgen.

Der Strom kommt aus der Steckdose,

und was technisch dahinter steckt.

In Deutschland haben wir erfreulicherweise eine sehr gute Stromversorgung. Betrachten wir zunächst die Verfügbarkeit.

Der Bericht der Bundesnetzagentur ergibt für 2014 eine Nichtverfügbarkeitsdauer von etwa 12,5 Minuten, 2006 lag sie bei ca. 20 Minuten und 2013 bei ca. 15 Minuten. Das entspricht für 2014 einer Verfügbarkeit von 99,9976 %. Die Werte zeigen auch, dass die erhöhte Einspeisung der erneuerbaren Energien und die damit verbundene teilweise Dezentralisierung zu keiner Verschlechterung der Verfügbarkeit geführt haben.

Im internationalen Vergleich nimmt Deutschland einen Spitzenplatz im Bereich der Verfügbarkeit des Stromnetzes ein, wie Bild [27] nach Daten der Bundesnetzagentur und VDE verdeutlicht.

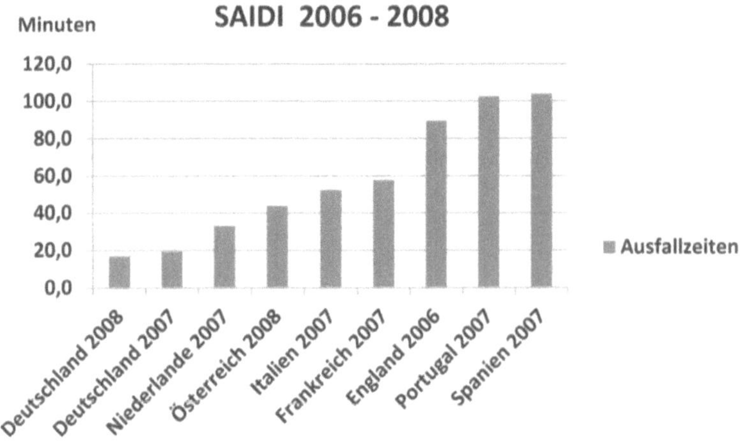

[27] Quelle: VDE

Um die Versorgungssicherheit international vergleichbar zu machen, hat man sich auf den SAIDI Index (System Average Interruption Duration Index) geeinigt. Vereinfacht ausgedrückt erhält man ihn, wenn man die Summe aller Versorgungsunterbrechungen durch die Gesamtzahl aller

Verbraucher dividiert. Die Graphik der Bundesnetzagentur [28] zeigt die Entwicklung des Wertes von 2006 bis 2012 in der Bundesrepublik. Wie man sieht, hat die zunehmende Integration der erneuerbaren Energien keinen negativen Einfluss auf die Netzsicherheit.

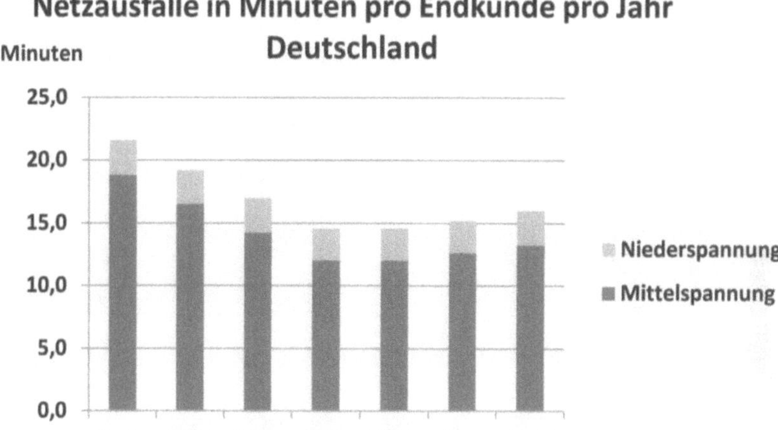

[28] Quelle: Bundesnetzagentur

Es reicht jedoch nicht, dass die Stromversorgung rund um die Uhr und das ganze Jahr ausfallsfrei funktioniert. Der Endverbraucher erwartet eine konstante Ausgangsspannung von 230 VAC in einem Toleranzbereich von +/- 10 % sowie eine konstante Frequenz von 50 Hz +/- 0,2 Hz. Wie das Ganze funktioniert, ist in Bild [29] vereinfacht dargestellt.

Die Grafik zeigt die Struktur des deutschen Versorgungsnetzes, das über etwa 1,8 Millionen km Gesamtlänge verfügt, wovon etwa 2/3 auf den Niederspannungsbereich entfallen.

NETZEBENE 1
Übertragungsnetz
Höchstspannung
380/220 kV
Wasserkraft
Kernkraft
Kohle
Hochsee-Windpark
NETZEBENE 2
Transformierung
NETZEBENE 3
Überregionale
Verteilnetze
Hochspannung 110 kV
Erdgas
Wasserkraft
Großindustrie
überregionaler Ausgleich
Netzebenen der Stadtwerke
NETZEBENE 4
Transformierung
NETZEBENE 5
Regionale Verteilnetze
Mittelspannung 30 kV,
20 kV, 10 kV
Strom-speicher
Solarpark
Windpark
Industrie
regionaler Ausgleich
NETZEBENE 6
Transformierung
Netzebenen der Stadtwerke
Wärmepumpen
Solaranlagen
NETZEBENE 7
Lokale Verteilnetze
Niederspannung 0,4 kV
Strom-speicher
Windanlage
BHKW
Elektro-mobilität
Haushalte
lokaler Ausgleich

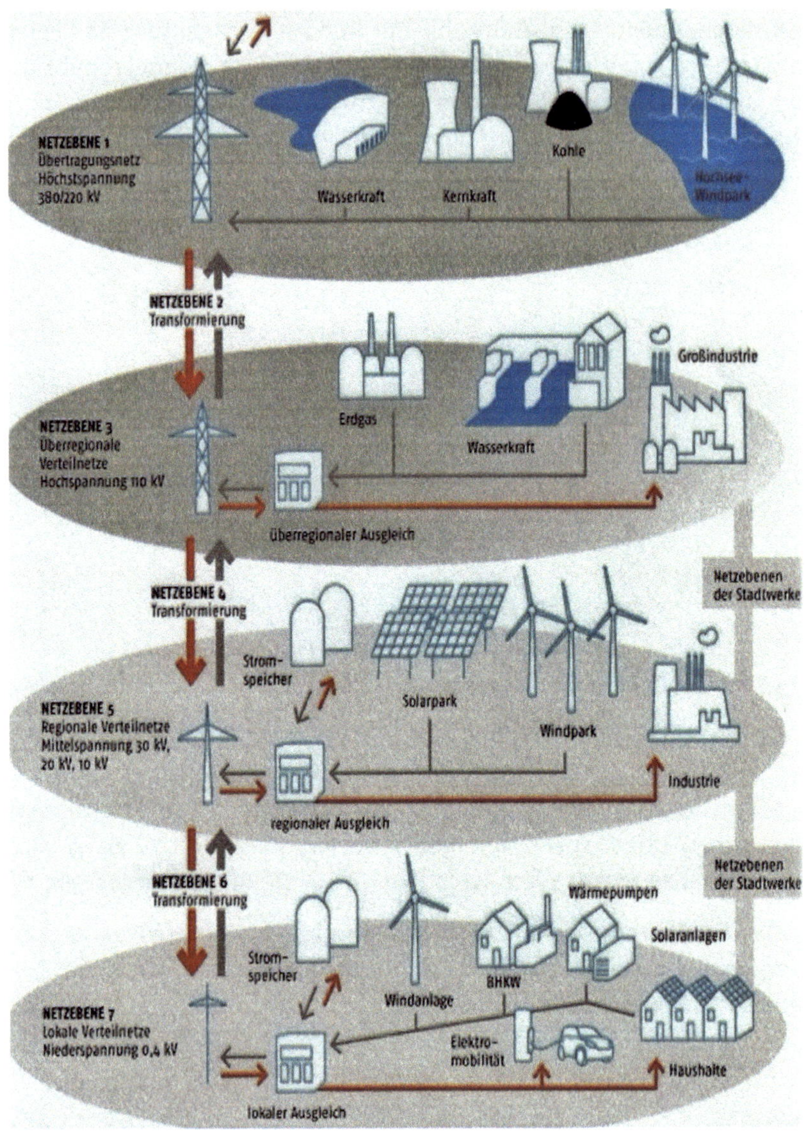

[29] Quelle: VK

Die Hauptverantwortung für die Netzregelung tragen die Betreiber der Übertragungsnetze im Bereich der Höchstspannung (Netzebene 1). Diese Netze befinden sich im Besitz von 4 Gesellschaften, wie Bild [30] zeigt.

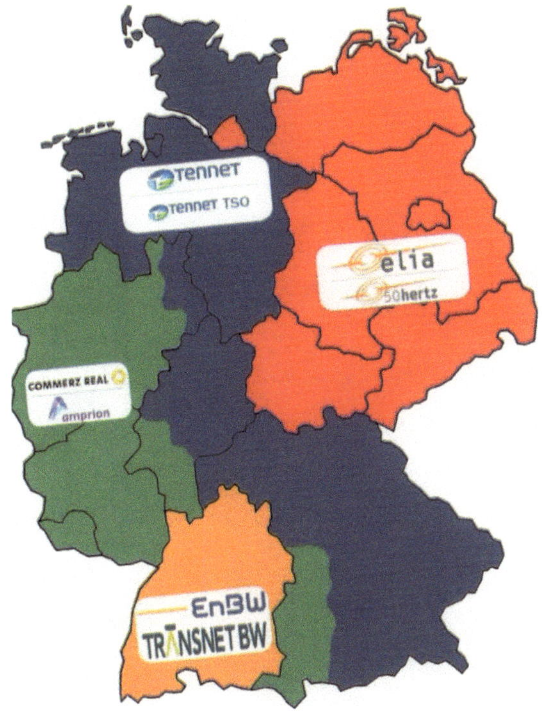

[30] Quelle: Bundesnetzagentur

Jeder dieser 4 Netzbetreiber ist für sein Gebiet (Regelzone) verantwortlich. Da die Netze miteinander verbunden sind, muss verhindert werden, dass die Betreiber u. U. gegenläufig regeln. Deshalb wird durch den "Netzregelverbund" unter Führung von "amperion" eine gemeinsame Netzregelung organisiert. Durch diese Maßnahme wird auch die nötige Regelenergie minimiert. Den Import und Export von Energie tätigen die Netzbetreiber mit dem jeweils an ihr Gebiet angrenzenden Ausland.

Um Strom zu exportieren oder zu importieren, müssen die Übertragungsnetze mit denen der Nachbarländer verbunden sein und einer gemeinsamen Regelung unterliegen.

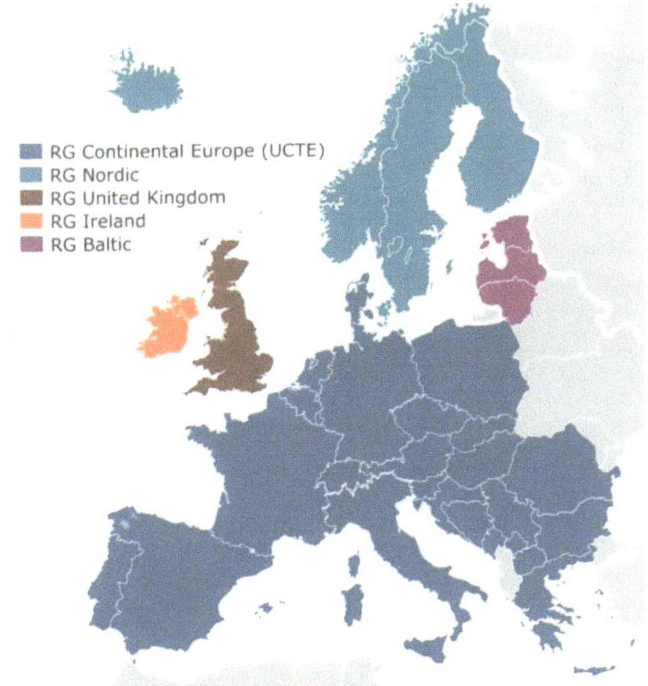

[31] Quelle: VDE

Deutschland ist Mitglied im kontinental europäischen Netzverbund RGCE früher UCTE [31]. In diesem Bereich gelten gemeinsame verbindliche Normen für die Regelung von Spannung und Frequenz. Dieser Verbund ist der erste Schritt zu einer gemeinsamen europäischen Stromversorgung. Die europäischen Staaten tun sich aus den verschiedensten Gründen im Moment noch sehr schwer, nationale Zuständigkeiten an eine übergeordnete Instanz zu übertragen. Dies wird aber mit dem stetig steigenden Anteil der erneuerbaren Energien immer wichtiger, worüber an anderer Stelle noch ausführlich gesprochen wird.

Um die Problematik der Netzregelung zu verstehen, muss man wissen, dass das Netz selbst zwar eine gewisse Trägheit aufweist, aber keine Energie speichern kann. Im Prinzip sollte also zu jeder Zeit ein Gleichgewicht zwischen eingespeister und abgegebener Leistung bestehen. Ist dies nicht der Fall, dann verschiebt sich die Netzfrequenz, nach unten bei Überlast und nach oben bei zu hoher Einspeisung. Im Energiewirtschaftsgesetz (EnWG) werden die Parameter festgelegt, nach denen Kraftwerke ihre Energie ins Netz einspeisen dürfen. Da dieser Punkt bei der Integration der erneuerbaren Energien eine wesentliche Rolle spielt, soll er hier etwas ausführlicher behandelt werden.

Ein Problem bei der Herstellung des Gleichgewichtes zwischen Verbrauch und Einspeisung ist die Fehlertoleranz bei der Vorhersage des Lastprofils. Bei Verbrauchern von mehr als 100.000 kWh pro Jahr wird die aktuelle Last alle 15 Minuten gemessen, ebenso bei allen Betrieben, die mit Mittelspannung versorgt werden, unabhängig vom Jahresverbrauch. Die Differenzen zwischen der aktuellen Last und der geplanten Last müssen durch die Kraftwerke ausgeglichen werden.

Bild [32] zeigt ein typisches Lastprofil für einen deutschen Haushalt im Januar mit einem jährlichen Stromverbrauch von 4.000 kWh, wobei das Profil vereinfacht nur die Mittelwerte pro Stunde zeigt.

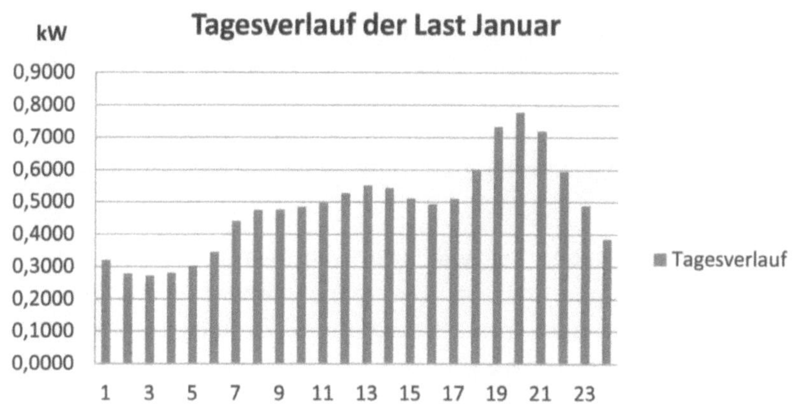

[32]

Im Bereich der RGCE beträgt die Primärregelleistung für die Frequenzstabilisierung, die von allen Kraftwerken mit einer Nennleistung von > 100 MW geleistet werden muss +/- 3.000 MW, wovon +/- 700 MW auf die deutschen Kraftwerke entfallen. Ab einer Frequenzabweichung von +/- 0,2 Hz muss die Primärregelung einsetzen. Innerhalb von 30 Sekunden erfolgt eine Leistungsänderung bei den beteiligten Kraftwerken proportional zur Abweichung von der Normalfrequenz. Diese Leistung muss für mindestens 15 Minuten gehalten werden können. Bei Frequenzabweichungen von < +/- 0,01 wird die Primärregelung nicht aktiviert. Die maximale Regelleistung kann bis zu +/- 2 % der jeweiligen Nennleistung der beteiligten Kraftwerke betragen. Von kleineren Kraftwerken wird nur verlangt, dass sie die Leistung drosseln, falls die obere Grenze des Toleranzbereichs (+ 0,2 Hz) erreicht wird, was jedoch sehr selten vorkommt. Die Primärregelung erfolgt automatisch und wird durch die kontinuierliche Messung der Netzfrequenz in jedem Kraftwerk gesteuert. Sie lässt sich am einfachsten mit Hilfe von Dampf- oder Gasturbinen realisieren.

Die Sekundärregelung findet innerhalb der jeweiligen Übertragungsnetze statt. Sie reagiert wesentlich langsamer und soll innerhalb von 15 Minuten erfolgen. Sie wird ebenfalls zentral über die Frequenz gesteuert, berücksichtigt jedoch die Leistungsbilanzen der einzelnen Regelzonen.

Damit werden Lastabweichungen so weit wie möglich innerhalb der Regelzonen kompensiert und die zentrale Regelung verhindert, dass einzelne Zonen gegeneinander steuern. Die Regelung erfolgt proportional zum zeitlichen Integral der Abweichung, was letztendlich zur schnellstmöglichen Entlastung der Primärregelung führt. Beteiligt sind hauptsächlich Wasserspeicher-Kraftwerke, Pumpspeicherkraftwerke sowie Gaskraftwerke.

Die Tertiärregelung soll wiederum die Sekundärregelung entlasten. Sie kann langsamer erfolgen. Die teilnehmenden Kraftwerke müssen jedoch in der Lage sein, ihre Leistung um mindestens 2 % ihrer Nennleistung pro Minute zu variieren.

Schließlich gibt es noch die Quartiärregelung, die Gangfehler der Netzfrequenz über längere Zeiträume kompensiert. Der Gangfehler wird durch Vergleich mit einem Zeitnormal (z.B. Atomuhr) durch kurzfristige Veränderung der Nennfrequenz kompensiert. Im europäischen Verbundnetz wird diese Regelung von Swissgrid überwacht.

Regelenergie kann je nach Versorgungslage sehr teuer werden, Spitzenpreise von € 1,5 pro kWh wurden schon erreicht. Deshalb wurde seit einigen Jahren ein verbindliches Bilanzkreismanagement unter Überwachung der Bundesnetzagentur eingeführt. Es dient der kontinuierlichen Verbesserung der Lastprognosen und der Abrechnung der Regelenergie durch die Übertragungsnetzbetreiber. Der Saldo über alle Bilanzkreise ergibt den Gesamtwert des Regelenergiebedarfs. Die Grafik [33] zeigt die zeitliche Verzahnung der Regelungsebenen.

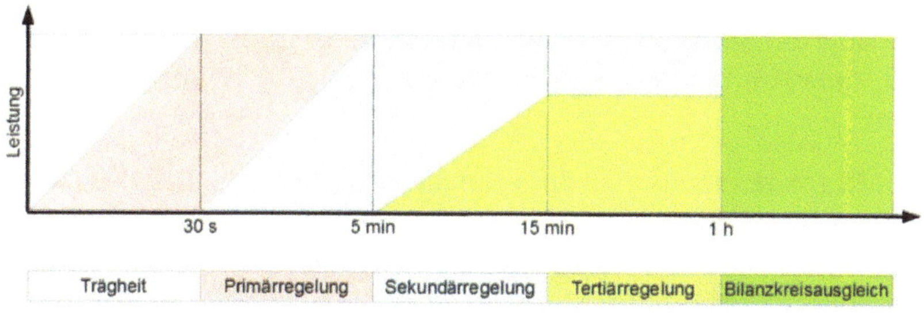

[33] Quelle: VDE

Über die Beschaffung der Regelenergie wird im Kapitel Strommarkt gesprochen.

Neben der Frequenz muss auch die Spannung geregelt werden. Im Bereich der Niederspannung (Netzebene 3) muss die Spannung auf jeder Phase 230 V +/- 10 % betragen. Angesichts der komplexen Netzstruktur in den verschiedenen Ebenen und den Spannungsverlusten entlang der Leitungen ist diese Aufgabe nur von den einzelnen Netzbetreibern zu lösen. Die Spannungshaltung gleicht längerfristige Abweichungen des Effektivwertes vom Nennwert aus.

Zunächst muss sicher sein, dass die Leitungen auf den verschiedenen Ebenen ausreichend dimensioniert sind, um die leitungsabhängigen Spannungsverluste in einem vertretbaren Rahmen zu halten. Auf der Ebene der Verteilernetze kommt noch die Reduzierung von Schieflasten (ungleichmäßige Belastung der verschiedenen Phasen) hinzu.

Die Spannungshaltung kann in allen Ebenen mit verschiedenen Mitteln erfolgen. Großkraftwerke sind in der Lage, die Ausgangsspannung ihrer Generatoren durch die Regelung der Blindleistung (Phasenverschiebung) in einem engen Bereich zu variieren.

Auf den unteren Netzebenen wird meist mit regelbaren Transformatoren, Blindleistungskompensatoren und Schaltungsmaßnahmen gearbeitet.

Die Anforderungen an die Netzspannung bezüglich des sinusförmigen Verlaufs der Spannung und die Begrenzung des Oberwellengehaltes werden teilweise durch die Anschlussbedingungen der Verbraucher unterstützt.

Mit steigendem Anteil der erneuerbaren Energien an der Stromerzeugung werden die technischen Anforderungen bei der Integration in die Netze nach und nach steigen (Abschaltbarkeit, Blindleistung, Kurzzeitspeicher) und den Anforderungen an die konventionellen Erzeuger angeglichen. Auch bei Anlagen, die der Eigenversorgung dienen, erfolgt die Spannungsführung durch das Netz. Der Begriff „autark" wird von den Verkäufern von PV-Anlagen und Speichern gerne gebraucht, vernachlässigt aber die verbleibende Abhängigkeit vom Netz. Wirklich autark sind lediglich Inselsysteme.

Der deutsche Strommarkt

Welche Farbe hat der Strom

An der Erzeugung der elektrischen Energie sind die unterschiedlichsten Technologien beteiligt. Die Graphik [34]aus dem Jahre 2014 zeigt den Anteil der verschiedenen Energieträger an der Jahresproduktion von insgesamt 614 TWh in Deutschland.

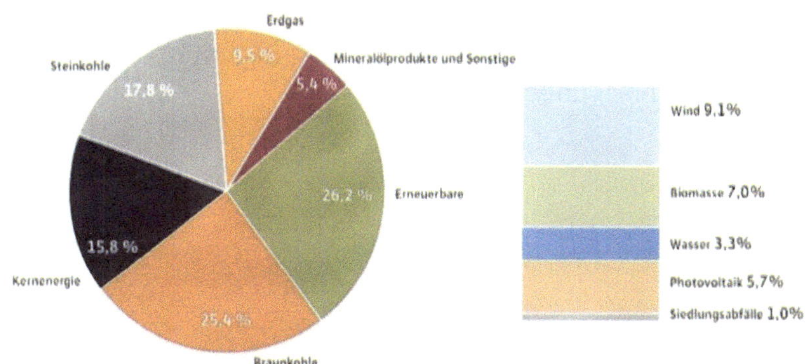

[34] Quelle: BDEW

Im gleichen Zeitraum lag der Nettostromverbrauch laut AGEB in Deutschland bei 535,2 TWh. Der Verbrauch verteilt sich wie folgt:

	%	TWh
Industrie	46,1	249,6
Haushalte	25,5	136,6
Handel und Gewerbe	14,3	76,5
Öffentliche Einrichtungen	8,8	46,9
Verkehr	3,1	16,6
Landwirtschaft	1,7	9,0

[35]

Die Endabnehmer beziehen ihren Strom von den Energieversorgungsunternehmen (EVU) oder von Zwischenhändlern. Diese wiederum beziehen den Strom entweder direkt von den Erzeugern oder über die Strombörse. Obwohl der überwiegende Teil des erzeugten Stroms direkt von
den Kraftwerken an die EVU oder Händler geliefert wird, spielt die Börse
eine wichtige Rolle, weil sich die Preise im freien Handel an die Börsenpreise anlehnen.

Für Deutschland spielen die European Power Exchange (kurz EPEX) in
Paris und die European Energy Exchange AG in Leipzig (kurz EEX) die
wichtigste Rolle. Beide Unternehmen sind wirtschaftlich verbunden und
arbeiten sehr eng zusammen.

Der Strom, der an beiden Börsen gehandelt wird, heißt *Graustrom*,
weil er ein Mix aus allen primären Energieträgern ist, deren Verteilung
für den Abnehmer unbekannt ist.

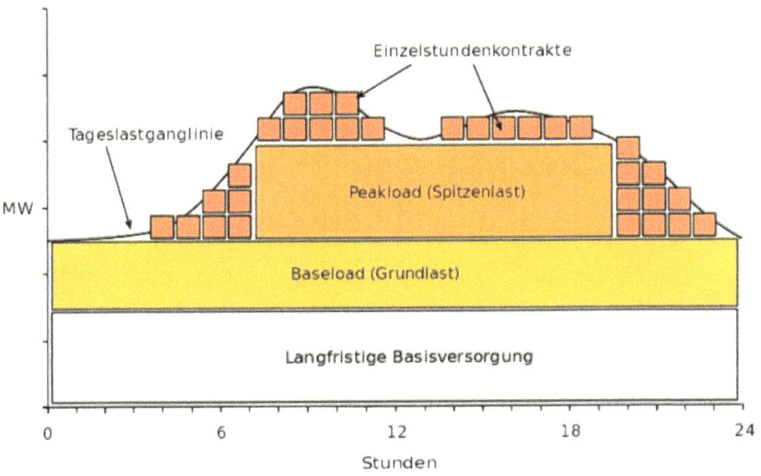

[36] Quelle: German Wikipedia

Bild [36] zeigt anschaulich, wie der Stromhandel funktioniert. Der
Tageslastgang ist eine Prognose, die von vielen festen Verträgen, von
Erfahrungswerten und von der Wettervorhersage gestützt wird. Der rea-
le Stromverbrauch kann aus den verschiedensten Gründen von der

Prognose abweichen. Die Tageslastganglinien können sowohl in ihrer Form als auch in ihren absoluten Werten über das Jahr gesehen unterschiedlich sein (Werktag - Wochenende, Sommer - Winter).

Der Bereich der langfristigen Basisversorgung liegt unterhalb der niedrigsten Punkte aller Tageslastganglinien. Er wird meist durch längerfristige Verträge am Terminmarkt oder direkte Verträge zwischen den Kraftwerken und den EVU geregelt. Der Bereich der Baseload (Grundlast) liegt unterhalb des tiefsten Punktes des prognostizierten Tageslastgangs. Die Energie wird meist im Block entweder am Terminmarkt oder auch Spotmarkt bezogen. Die Peakload (Spitzenlast) wird allgemein durch einen Block unterhalb des niedrigsten Punktes im Spitzenlastbereich über den Spotmarkt und den Terminmarkt realisiert. Zum Feinabgleich gibt es Einzelstundenkontrakte und neuerdings auch 15-Minuten-Kontrakte, die meist am Spotmarkt gehandelt werden.

Die Preisfindung erfolgt über eine Auktion im Merit-Order-Verfahren. Alle Gebote für die Abgabe und Abnahme bestimmter Stromkontingente mit Mengen und Preisen müssen zu festgelegten Terminen bei der Börse eingehen, im Day-Ahead-Handel z.B. bis zum Mittag des der Auktion vorhergehenden Tages.

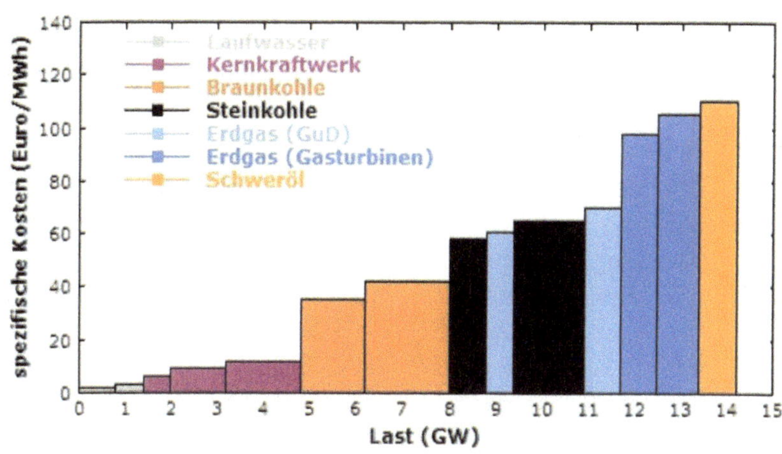

[37] Quelle: R. Paschotta „Strommarkt" RP-Energie-Lexikon

Die eingegangenen Angebote der verschiedenen Kraftwerke werden nach Menge und nach aufsteigenden Preisen in eine Matrix gestellt, hier ohne erneuerbare Energien [37]

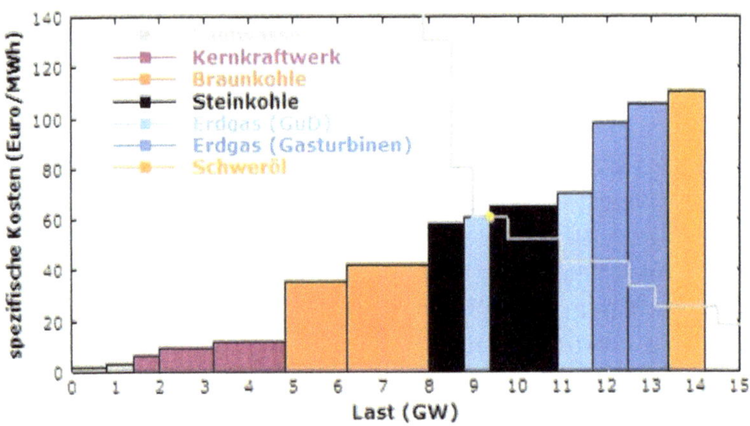

[38] Quelle: R. Paschotta „Strommarkt" RP-Energie-Lexikon

Die Kaufgebote werden ebenfalls in der Matrix gelistet, allerdings nach abfallenden Preisen (siehe graue Kurve). Der Schnittpunkt von beiden Linien ist der Preis für das gesamte Volumen des in der Auktion gehandelten Blocks [38].

Dieses Verfahren hat Vor- und Nachteile. Einerseits werden durch diese Form der Auktion hektische Preisschwankungen unterdrückt, anderseits können die Börsenpreise in gewissen Grenzen manipuliert werden. Die Anbieter am Spotmarkt sind gehalten, ihre Preise an den Grenzkosten zu orientieren und nicht an den Vollkosten. Grenzkosten sind die Kosten, die bei einem Kraftwerk für eine zeitlich begrenzte Erhöhung der Ausgangsleistung entstehen. Je nach Einsatz der entsprechenden primären Energieträger und der Verstromung sind die Grenzkosten sehr unterschiedlich. Damit wird es schwer, die unterschiedlichen Technologien miteinander zu vergleichen. Über den Einfluss der erneuerbaren Energien auf die Börse wird an anderer Stelle ausführlich gesprochen.

Im Bereich von Energieerzeugung und Verkauf herrscht ein gewisser Wettbewerb, wie durch die Entflechtungsverordnung gefordert. Beim

Transport über die Netze schaut es anders aus. Es gibt regionale Eigentumsmonopole, die einen echten Wettbewerb behindern.

Seit Juni 2005 gilt die "Stromnetzentgeltverordnung (StromNEV)", welche die alten Verbändevereinbarungen als Bundesrechtsverordnung ersetzt. Mit der Kontrolle über die Berechnung und Abrechnung wurde die Bundesnetzagentur beauftragt. Im Jahre 2009 wurde diese Verordnung durch die "Anreizregulierungsverordnung (ARegV)" erweitert. Diese Regulierung ist der bescheidene Versuch, durch den Vergleich der Effizienz der verschiedenen Netzbetreiber einen gewissen Wettbewerb zu erzeugen und ein Instrument zu generieren, mit dem individuelle Anpassungen an die jeweiligen Erlösobergrenzen möglich sind. Der Vorschlag, die Übertragungsnetze in einer gemeinsamen Gesellschaft unter Bundesaufsicht zu bündeln, wie z.B. im Schienennetz der Bahn geschehen, konnte bisher keine Mehrheit finden.

Großabnehmer von elektrischer Energie, die meist über Mittelspannung versorgt werden, zahlen entsprechend niedrigere Netznutzungsentgelte, teilweise nur 2 €ct / kWh. In den Entgelten sind auch Systemdienstleistungen enthalten, wie das managen der Blindleistung, die Frequenzregelung und den Erhalt der Schwarzstartfähigkeit des Netzes nach Zusammenbrüchen. Die Netznutzungsgebühren für Privathaushalte zeigt Bild [39].

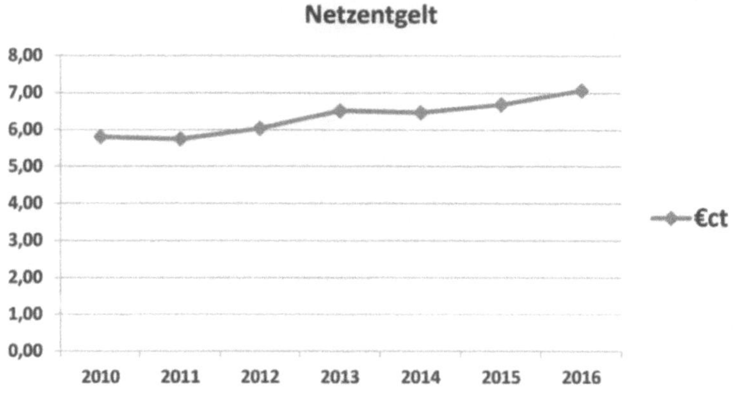

[39] Quelle: Bundesnetzagentur

Die Netzentgelte für Privathaushalte sind innerhalb der Bundesrepublik sehr unterschiedlich, sie liegen zwischen 5,14 €ct / kWh in Bayern und bis zu 8,46 €ct / kWh in Sachsen. Die Bemühungen um einen bundesweit einheitlichen Tarif sind bisher gescheitert.

Der Stromtarif für die privaten Haushalte beinhaltet leider noch einige zusätzliche Posten. Bild [40] zeigt die Zusammensetzung des Stromtarifs für 2015 (hochgerechnet).

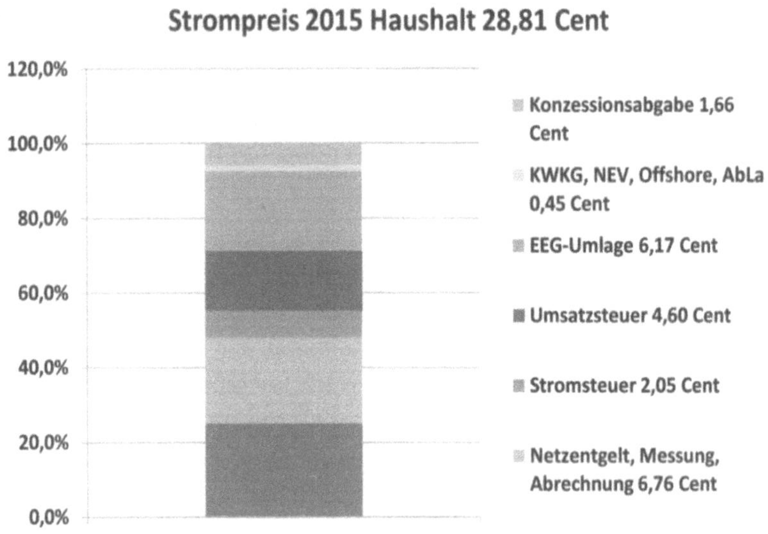

[40] Quelle BDEW

Das bedeutet, dass sich der Preis zu 51 % aus Steuern und Abgaben und nur zu 49 % aus Erzeugung, Vertrieb und Netzentgelt zusammensetzt. Die einzelnen Posten werden nachfolgend beschrieben. Beschaffung und Vertrieb sowie Netzentgelt wurden bereits erläutert.

Die Umsatzsteuer (Mehrwertsteuer) in Höhe von 19 % wird auf alle Kosten und Abgaben aufgeschlagen.

Die Konzessionsabgabe wird im EnWG §18 festgelegt. Im Prinzip zahlen die EVU an die Gemeinden eine Abgabe für das Wegerecht zur Verlegung und die Wartung der nötigen Netze. Die Höhe richtet sich nach der Einwohnerzahl der Gemeinden und liegt zwischen 1,32 und 2,39 ct/kWh.

Die EEG-Umlage wird im EEG seit 2000 und in der neuesten Fassung von 2014 erhoben.

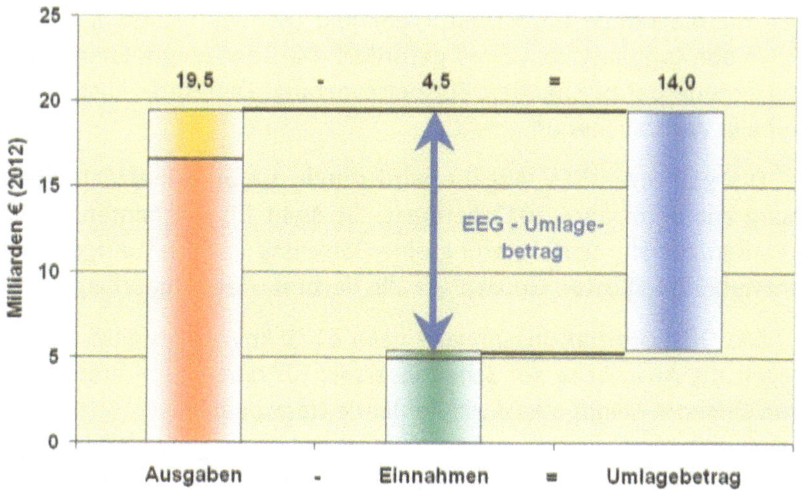

[41] Quelle: VDE

Der Betrag für die EEG-Umlage ergibt sich aus der Differenz zwischen den Fördermitteln für die Stromerzeugung aus erneuerbaren Energien nach dem EEG und den Einnahmen an der Börse [41].

Die Berechnung der Umlage ist nicht unumstritten. Die Börsenpreise werden aus den jeweiligen Grenzkosten ermittelt, die Förderung orientiert sich an den Vollkosten. Die Vollkosten liegen bei konventionellen Kraftwerken (ohne AKW) zwischen 6,5 und 12 ct/kWh, während die Börsenpreise in der Größenordnung von 4 ct/kWh liegen. Die Kosten für den Ausbau der erneuerbaren Energien sind definitiv niedriger als die EEG-Umlage.

Die KWK-Umlage wird durch das KWKG (Kraft-Wärme-Kopplungs-Gesetz) aus dem Jahre 2002 geregelt. Die Kopplung von Kraft- und Wärmeenergie ist in zweifacher Hinsicht sinnvoll. Bei der Stromerzeugung sowohl aus fossilen wie auch erneuerbaren Energieträgern fällt eine erhebliche prozessbedingte Wärmeenergie an. Wird diese genutzt, dann erhöht sich einerseits die Rentabilität der Prozesse, anderseits werden die Emissionen reduziert. Da für die Nutzung der Wärme meist hohe Kosten für die nötige Infrastruktur anfallen (Fernwärme etc.), wird diese Form der Kopplung vom Bund gefördert. Die so erzeugte Energie hat wie die erneuerbaren Energien Einspeisevorrang. Die Förderkosten werden auf alle Verbraucher umgelegt.

Die §19 StromNEV Abgabe wird durch die Stromnetzentgeltverordnung aus dem Jahre 2012 geregelt. Sie sieht für stromintensive Unternehmen zur Standortsicherung eine Befreiung vom Netzentgelt vor. Die entstehenden Kosten werden auf alle Verbraucher umgeschlagen.

Die Offshore-Haftungsumlage nach §171 EnWG aus dem Jahre 2013 regelt die Ansprüche auf Schadensersatz für den verspäteten Anschluss von Offshore-Windparks durch fehlende Netzzugänge.

Die Umlage für abschaltbare Lasten nach §18 AbLaV (Verordnung über Vereinbarungen zu abschaltbaren Lasten) aus dem Jahre 2014 regelt die Vergütung für eventuell notwendige Abschaltungen von Lasten und dient der Systemsicherheit im Netz.

Die Stromsteuer wurde im Jahre 1999 durch das Strom StG (Stromsteuergesetz) eingeführt. Sie ist als steuerpolitische Maßnahme mit Lenkungswirkung zu mehr Umweltschutz und als Anreiz zur Effizienzsteigerung gedacht. Seit 2003 gilt der Regelsteuersatz von 2,05 ct/kWh. Die ursprünglich geplante Zweckbindung wurde aber teilweise aufgeweicht, weil ein Teil dieser Steuer zur Senkung der Sozialversicherungsbeiträge eingesetzt wird.

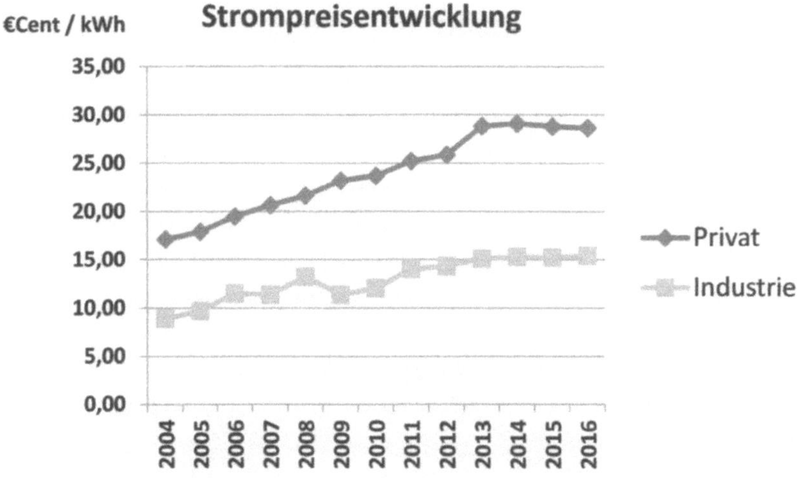

[42] Quelle: BDEW

Die Strompreise für die Industrie sind abhängig vom jeweiligen Jahresverbrauch und naturgemäß wesentlich niedriger als die Preise für den Privathaushalt [42].

Über die Preisentwicklung im Rahmen der Energiewende wird an anderer Stelle ausführlich gesprochen, ebenso über *Grünstrom*. Die Angebote von Stromhändlern erscheinen in den unterschiedlichsten Farbschattierungen von gelb, grün oder blau. Oftmals ist die Zusammensetzung nach primären Energieträgern nur schwer nachvollziehbar.

Die Erneuerbaren Energien

Dieses Kapitel soll einen Überblick über die momentan vorhandenen Technologien und deren Entwicklungsstand geben.

[43] Kleinkraftwerk

[44] Laufwasserkraftwerk

Laufwasserkraftwerke [44] gibt es seit dem Ende des 19. Jahrhunderts. Die Leistung definiert sich aus der maximalen Durchflussmenge und dem sich aus der Fallhöhe ergebenden Druck. Die Leistung ist über die Durchflussmenge regelbar. Eine Speicherung der Primärenergie ist nicht möglich

[45] Speicherkraftwerk

Die Umwandlung von kinetischer in elektrische Energie funktioniert bei Speicherkraftwerken [45] genauso wie bei Laufwasserkraftwerken. Der große Vorteil liegt in der Möglichkeit, die Primärenergie (Wasser) über Stunden, Tage und sogar Monate zu speichern, um sie bei Bedarf abzurufen.

[46] Pumpspeicherkraftwerk

Pumpspeicherkraftwerke [46] funktionieren bezüglich der Energie-umwandlung in zwei Richtungen: Wasser aus dem Oberbecken treibt die Turbine und den Generator an, Strom wird in das Netz eingespeist. Um-gekehrt kann überschüssiger oder billiger Strom genutzt werden, um Wasser aus dem Unterbecken in das Oberbecken zu pumpen. Diese Art der Energiespeicherung wurde bisher zur Abdeckung von Spitzenlasten genutzt. Billiger Nachtstrom hat die Pumpen angetrieben, um das Ober-becken wieder zu füllen. Durch die vermehrte Integration von regenera-tiv erzeugtem Strom sinkt die Rentabilität dieser Speicher ständig ab. Die Projekte, norwegische Fjorde in großem Stil zu Pumpspeicherkraftwerken umzufunktionieren, verlieren mehr und mehr an Interesse. Kavernen-kraftwerke haben die gleiche Funktion. Der Unterschied besteht in der unterirdischen Anordnung von Kraftwerk und Rohrleitungen.

[47] Quelle: Wikipedia; Gezeitenkraftwerk Rance

Eines der ältesten Gezeitenkraftwerke ist "La Rance" [47] in Frank-reich. Es nutzt einen mittleren Tidenhub von 8 m um die Wassermassen bei Flut zu stauen und bei Ebbe zu verstromen. Es kann auch als Speicher genutzt werden. Weltweit sind Kraftwerke mit einer Gesamtleistung von etwa 550 MW installiert.

Planungen für Anlagen mit zu 8 GW Leistungen liegen derzeit auf Eis. Den erwarteten langen Laufzeiten stehen hohe Investitionen gegenüber.

[48] Strömungskraftwerk

Strömungskraftwerke [48] nutzen die konstante Strömung in Fluss-
läufen und besonders in Meeresgebieten mit starkem Tidenhub. Sie
funktionieren im Prinzip wie eine Windkraftanlage aber unter der Was-
seroberfläche. Die ersten Anlagen befinden sich im Pilotstadium. Das
Potential ist, besonders rund um die englische Insel erheblich. Nach neuesten Schätzungen könnten mit dieser Technik 2 bis 3 % des europäischen Strombedarfs gedeckt werden.

Es existiert eine Vielzahl von Wellenkraftwerken im Prototypenstadi-
um, wobei die Umsetzung der kinetischen Energie von Meereswellen in
elektrische Energie auf sehr unterschiedliche Weise erfolgt. Ob sich in
Zukunft eine kostengünstige Technologie entwickeln wird, ist momentan
noch nicht absehbar.

In Deutschland werden momentan 3,3 % der Bruttostromerzeugung
durch die Wasserkraft geleistet. Ein weiterer Ausbau ist nur in einem
bescheidenen Rahmen möglich.

[49] Windkraftanlage

Die Nutzung der Windenergie ist seit dem Altertum bekannt und wurde im Mittelalter in Form der weit verbreiteten Windmühlen weltweit umgesetzt. Die erste Anwendung zur Erzeugung von elektrischer Energie ist aus dem Jahre 1887 bekannt. Moderne Onshore-Anlagen [49] bewegen sich derzeit in einem Leistungsbereich von ca. 2 bis 5 MW. Die am meisten verbreitete Bauform besitzt einen Rotor mit drei Flügeln und horizontaler Achse. Moderne Anlagen haben einen Rotordurchmesser bis zu 130 m und eine Nabenhöhe bis zu 150 m. Prototypen mit bis zu 7,5 MW sind derzeit in der Erprobungsphase.

[50] Windkraft Offshore

Offshore- Anlagen [50] verfügen im Allgemeinen über einen Rotordurchmesser von bis zu 180 m und eine Nabenhöhe bis zu 200 m. Während bis 2010 die Anlagen hauptsächlich in Docks vormontiert wurden, werden moderne Windparks größtenteils vor Ort montiert. Die Leistung der einzelnen Generatoren liegt bei etwa 8 MW.

Für Inselsysteme und teilweise für Privathäuser gibt es mittlerweile eine Vielzahl von Kleinwindanlagen [51]. In Zukunft könnten sie dezentral zur Deckung des Eigenbedarfs an Bedeutung gewinnen. Die Leistung reicht von 2 bis 10 kW. Da die Windgeschwindigkeit in Bodennähe naturgemäß gering ist, kommt es auf die jeweilige Anlaufgeschwindigkeit an.

[51] Quelle: Bluenergy; Kleinwindkraftanlage

2014 haben die Windkraftanlagen insgesamt mit 9,1 % an der Bruttostromerzeugung beigetragen. Für den weiteren Ausbau, besonders für Onshore-Anlagen besteht genügend Potential, wenngleich die Genehmigungsverfahren teilweise langwierig sind.

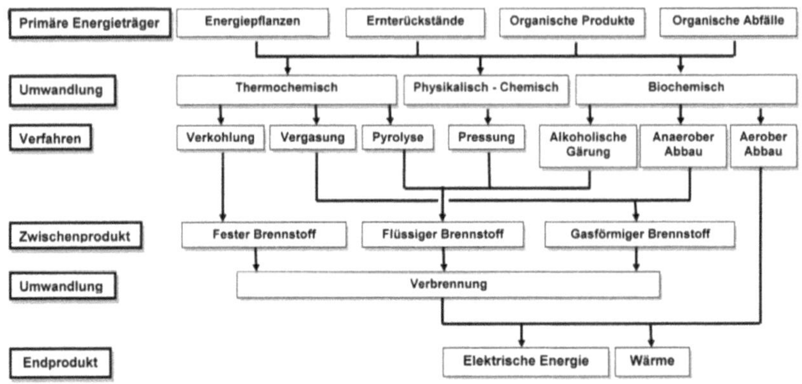

[52] Übersicht Biomasse – Verfahren

Die Biomasse wird als erneuerbare Energiequelle meist unterschätzt, obwohl sie mit etwa 7 % an der Bruttostromerzeugung in Deutschland beteiligt ist. Die Grafik [52] zeigt die Vielfalt der momentan eingesetzten Technologien. Der in den primären Energieträgern gebundene CO_2- Anteil wird bei der Umwandlung in elektrische Energie, Wärme oder Kraft wieder freigesetzt und dem natürlichen Kreislauf zugeführt. Die Verfahren sind also CO_2-neutral.

Der weitere Ausbau wird durch die benötigten Anbauflächen begrenzt. Das maximale Potenzial dürfte bei etwa 10 % der Bruttostromerzeugung in Deutschland liegen. Die Verfahren haben 2 wichtige Vorteile: Die Erzeugung von Wärme und Strom kann kontinuierlich erfolgen und damit zur Deckung der Basislast beitragen und die Erzeugung der Zwischenprodukte kann von der Umwandlung in die Endprodukte räumlich und zeitlich getrennt erfolgen.

Die Energieerzeugung aus Biomasse sollte allerdings nicht in Konkurrenz zur Produktion von Nahrungsmitteln stehen. Deshalb wird neuerdings an verschiedenen Orten mit Algen als Biomasse experimentiert, vor allen Dingen mit Arten, die im Meerwasser wachsen und in offenen Becken gezüchtet werden können. Der Flächenertrag entspricht etwa dem Zehnfachen des Ertrages bei der Verstromung von Mais.

[53] Biomassekraftwerk

Ein Schwergewicht unter den erneuerbaren Energien ist die Sonnenenergie, nicht nur weil sie eine wichtige Voraussetzung für das Leben auf unserer Erde darstellt, sondern weil ihre direkte und indirekte Nutzung ein Vielfaches der weltweit benötigten Energie bieten kann. Die wichtigsten Technologien zur Nutzung der Sonnenenergie sind:

- Photovoltaik (PV), direkte Umsetzung in elektrische Energie,
- Solarthermie, Warmwassererzeugung in Bereich der niedrigen Temperaturen,
- Hochtemperatur-Solarthermie (CSP), Umwandlung in Wärme und danach in elektrische Energie
- Thermodynamische Verfahren, Aufwind- und Fallwind- Kraftwerke.

Die am weitesten verbreitete Technologie ist die Photovoltaik. Die Module (monokristallin, polykristallin oder Dünnschicht) sind auf Wohnhäusern oder Fabrikdächern montiert [54], oder wie im Bild [55] auf großen Freiflächen. Wechselrichter wandeln die von den Modulen erzeugte Gleichspannung in Wechselspannung um. Die Anlagen werden über das Netz synchronisiert.

[54] PV- Anlage auf Industriedach

[55] PV – Freiflächenanlage

Neben diesen gezeigten Arten der Festmontage gibt es Syteme, die einachsig oder zweiachsig der Sonne nachgeführt werden. Die Nachführung steigert den Ertrag pro Modulfläche, verteuert aber Montage und Wartung. Ein anderer Weg zur Steigerung der Erträge pro Zellfläche ist die Verwendung von optischen Konzentratoren (CPV) in Form von Linsen.

Die architektonische Einbindung von Photovoltaik in die verschiedensten Gebäude stellt eine besondere Herausforderung dar. Neben der Nutzung als vorgebaute Fassade in semiopaker Ausführung werden leichte Module auf organischer Basis für die Gestaltung von Überdachungen verwendet [56].

Mit der für Ende Oktober 2016 erwarteten europäischen Gebäuderichtlinie wird das Thema der Integration der erneuerbaren Energien in jede Art von Gebäuden ein wichtiges Thema. Nimmt man alle Arten von Gebäuden zusammen, dann sind sie in Europa für knapp 40 % der Treibhausgas-Emissionen verantwortlich. Semiopake Decken mit Folienmodulen und Fassaden mit Glas-Glas-Modulen bieten jede Menge von architektonischen Gestaltungsmöglichkeiten.

[56]

Hauptsächlich auf Privathäusern findet man Sonnenkollektoren, die zur Erzeugung von Warmwasser verwendet werden [57].Die Speicherung erfolgt über die meist schon vorhandenen Boiler oder Heizungskessel. Neuerdings wird immer öfter der Strom von PV-Anlagen genutzt, um über regelbare Heizstäbe Warmwasser zu erzeugen. Diese Methode trägt dazu bei, den Eigenverbrauch am regenerativ erzeugten Strom zu nutzen.

[57] Solarkollektoren zur Warmwasserversorgung

Im Bereich der Hochtemperatur-Solarthermie werden für die groß-technische Nutzung der Sonnenenergie bisher zwei Varianten eingesetzt, Parabolrinnen- Kraftwerke [58] oder Solarturm- Kraftwerke [59].

[58]

Im Brennpunkt der Parabolrinnen befindet sich eine Röhre mit einem speziellen Thermoöl. Die Spiegel werden einachsig der Sonne nachgeführt. Das Öl wird auf bis zu 400 °C erwärmt und erzeugt über einen Wärmetauscher Wasserdampf, der einen Generator antreibt. In Japan wird an einer Variante gearbeitet, die gleichzeitig Wärme und Elektrizität in den Röhren erzeugt.

[59]

Bei den Solarturm-Kraftwerken wird durch eine Vielzahl von zweiachsig nachgeführten Spiegeln das Sonnenlicht auf den Receiver in der Turmspitze gelenkt. Hier werden Temperaturen von über 1.000 °C erzeugt. Zum Wärmetransport vom Turm zum Generator werden flüssige Nitratsalze oder adiabatischer Wasserdampf genutzt.

Beide letztgenannten Verfahren bieten die Möglichkeit, den thermischen Prozess und die Umwandlung in Elektrizität über einen thermischen Speicher zu entkoppeln. Damit kann die Stromeinspeisung dem Lastgang angepasst werden.

Die thermodynamischen Verfahren in Form von Aufwind- und Fallwind-Kraftwerken spielen in der Praxis momentan noch keine Rolle, weil der bautechnische Aufwand für Pilotanlagen sehr hoch ist.

Im Gegensatz zu allen bisher genannten Technologien nutzen die geothermischen Verfahren die vom heißen Erdkern über den Erdmantel abgegebene Wärmeenergie.

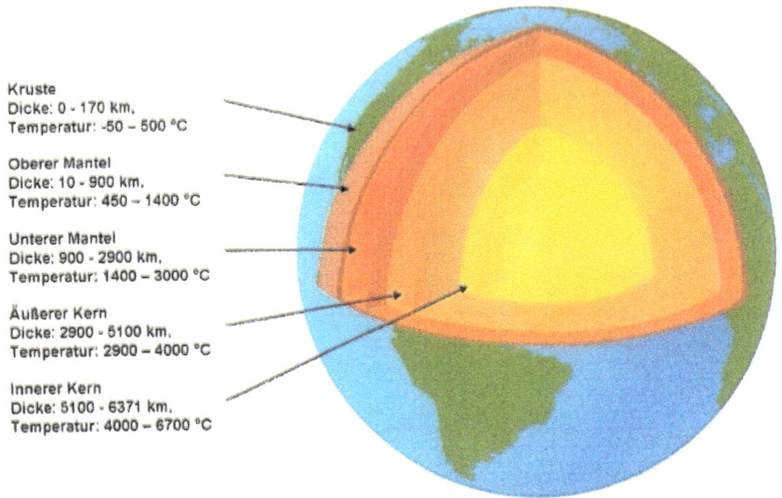

[60] Quelle: GFZ Querschnitt durch die Erde

Da die Erdwärme als theoretische Energiequelle mit der Sonnenenergie durchaus vergleichbar ist, lohnt sich eine nähere Betrachtung der bekannten Verfahren zur Energiegewinnung sowie deren mögliche Entwicklung.

Die im Erdinneren in Form von Wärme gespeicherte Energie ist gewaltig. Die obersten 10 km der Erdkruste speichern allein etwa 100 Millionen EJ (Exa-Joule) an Wärmeenergie. Das entspricht mehr als dem 100.000fachen des aktuellen jährlichen Energieverbrauchs von ca. 500 EJ. Die Energieabstrahlung über die Oberfläche in den Weltraum beträgt etwa das 4-fache des Weltenergieverbrauchs. Aus der Zeit der Erdentstehung vor ca. 4,7 Mrd Jahren stammen etwa 40 % der Erdenergie, der Rest wird durch den Zerfall radioaktiver Bestandteile im Gestein geliefert.

Die verschiedenen Technologien zur Energiegewinnung aus Erdwärme lassen sich anschaulich in oberflächennahe und tiefe Geothermie unterteilen. Die oberflächennahe Technik ist in Deutschland weit verbreitet und wird meist nur kurz als Wärmepumpe bezeichnet.

Bild [61] zeigt die Wirkungsweise der oberflächennahen Geothermie, die in Tiefen bis zu 400 m reichen kann. Mit zunehmender Bohrtiefe steigt die Temperaturdifferenz und damit der Wirkungsgrad, aber leider auch die Bohrkosten. Die Wärmepumpe wird elektrisch betrieben. Die gewonnene Wärmeenergie entspricht etwa dem 7-fachen des Stromverbrauchs.

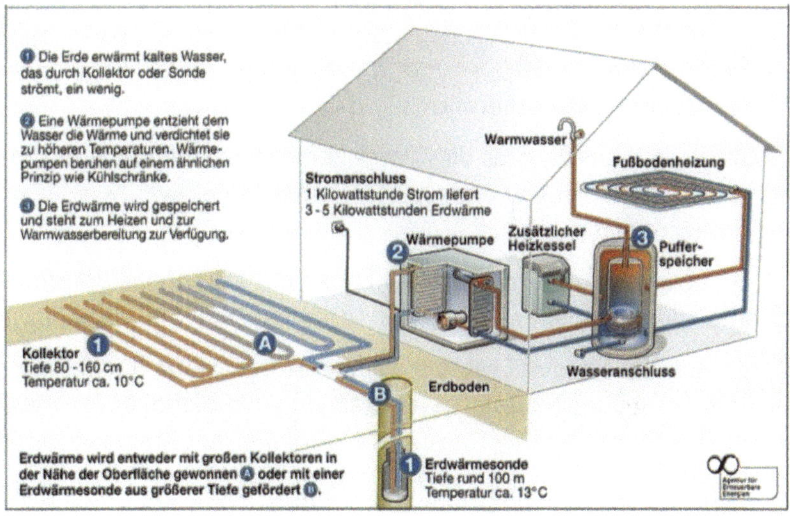

[61] Quelle: AEE, Einstieg in die Geothermie

In der tiefen Geothermie (Bohrtiefe > 400 m) unterscheidet man zwischen hydrothermalen und petrothermalen Lagerstätten. Bild [62] zeigt einen Schnitt durch das bayrische Voralpenland mit seinen Vorkommen an Thermalwässern.

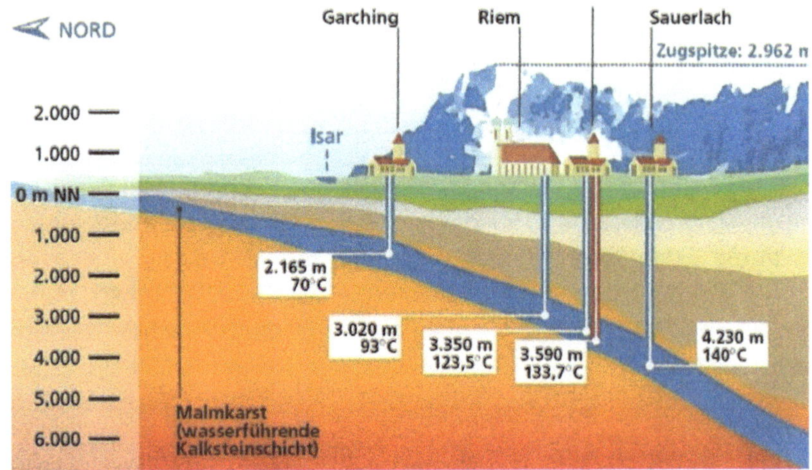

[62] Quelle: Fa. Geothermie

Man sieht deutlich, dass die Wassertemperatur mit der Bohrtiefe zunimmt. Die gewonnene Energie geht teilweise in Fernwärmenetze und in die Stromerzeugung.

Die petrothermalen Lagerstätten haben ein sehr hohes Potential. Die Verfahren zur Energiegewinnung sind in Erprobung.

Hochenthalpielagerstätten mit Temperaturen > 200 °C sind meist an Vulkanismus gebunden. Diverse Anlagen laufen in Island, Italien, den USA sowie in Kenia.

Zu den hier aufgeführten Technologien zur Energiegewinnung aus erneuerbaren Quellen kommt noch eine Reihe von Recycling-Verfahren, die ebenfalls einen Beitrag zur Energieversorgung und zur Reduzierung der Treibhausgase leisten. Den wichtigsten Beitrag zur Reduzierung des Klimawandels können wir jedoch durch Einsparungen im Energieverbrauch erreichen.

Energiespeicher

Ausser Biomasse und Erdwärme sind alle anderen wichtigen erneuerbaren Energiequellen von stochastischer Natur und stehen daher nicht immer und auch nicht verlässlich prognostizierbar zur Verfügung. Daher werden bei steigendem Anteil der erneuerbaren Energien an der Primärenergie sowie am Strommarkt geeignete Energiespeicher immer wichtiger.

Die Übersicht [63] zeigt die diversen verfügbaren Speichertechnologien mit Speicherzeiten von typisch einer Sekunde (magnetische Spulen) bis zu einem Monat (Redox-Flow-Batterien, Pumpspeicher).

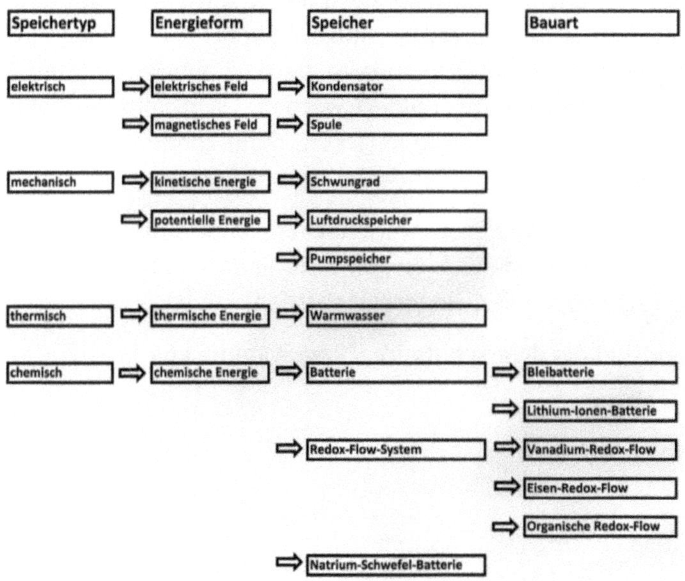

[63]

Die elektrischen Speicher sowie die Schwungräder finden hauptsächlich im Bereich der unterbrechungsfreien Stromversorgungen für Geräte und Maschinen Anwendung. Luftdruckspeicher bieten Speicherzeiten im Stundenbereich mit Nennleistungen zwischen 1 MW und 100 MW, sind aber wegen der komplizierten geologischen Voraussetzungen selten einsetzbar. Pumpspeicher bieten mit einer Nennleistung zwischen 5 MW und 100 MW Speicherzeiten zwischen einigen Stunden und einigen Tagen. Der Ausbau von Pumpspeicherkraftwerken ist jedoch aus vielerlei Gründen in Deutschland begrenzt. Thermische Speicher, die zur Erzeugung von Warmwasser oder als Speicherheizung eingesetzt werden, bieten typische Speicherzeiten von 24 Stunden.

Das breiteste Anwendungsspektrum haben momentan die chemischen Speicher. Am bekanntesten sind die herkömmlichen Bleibatterien, wie wir sie in den meisten Autos vorfinden. Moderne Lithium-Ionen-Batterien versorgen unsere Handys und speichern überschüssige Solarenergie aus unserer PV-Anlage auf dem Dach. Letztgenannte Kombination wird nicht nur stark gefördert, sondern bietet sowohl für den Hausbesitzer als auch für die Netzbetreiber einige Vorteile. Auf der einen Seite kann der Eigenverbrauchsanteil gesteigert werden, auf der anderen Seite können Erzeugungsspitzen abgemildert werden. Wird eine Vielzahl von kleinen Speichern virtuell zusammengefasst, dann können sie einen Beitrag zur Regelenergie leisten.

Eine besondere Form der chemischen Speicher sind die Zink-Luft-Batterien, die fast ausschließlich wegen ihrer linearen Entladungskurven in Hörgeräten als Knopfzellen eingesetzt werden.

Relativ neu sind die diversen Redox-Flow-Systeme [64].

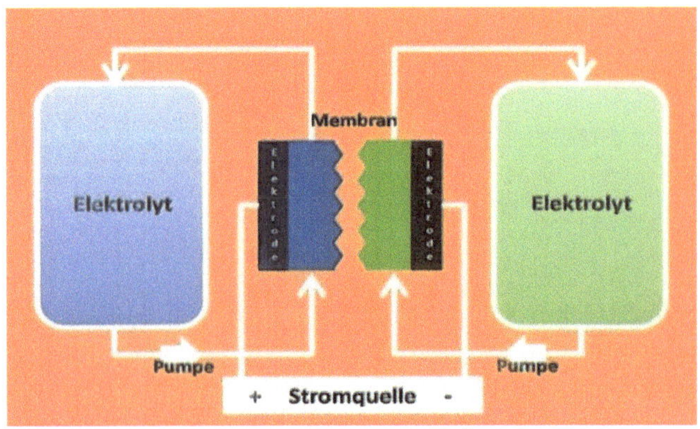

[64] Quelle: energie-experten

In der Redox-Flow-Batterie wird elektrische Energie in Form von zwei verschiedenen chemischen Verbindungen gespeichert. Die beiden flüssigen Elektrolyte zirkulieren in zwei getrennten Kreisläufen. In der eigentlichen galvanischen Zelle findet der Ionen- und Ladungsaustausch an einer semipermeablen Membran statt. Dabei wird ein Elektrolyt reduziert, der andere oxydiert. Zum Einsatz kommen die unterschiedlichsten Redoxpaare, wie Eisen – Zink, Vanadium – Natrium oder Polysulfid – Bromit. Die Energiedichte solcher Systeme liegt im Bereich von 25 – 80 Wh / l. Ein herkömmlicher Bleiakku liegt zum Vergleich bei 42 Wh / l.

Die Redox-Flow-Batterien haben folgende positiven Eigenschaften:

- lange Lebensdauer durch hohe Zyklenfestigkeit > 10.000,
- .flexibler Aufbau durch Trennung von Energiespeicher und Wandler, daher leicht skalierbar,
- hoher Wirkungsgrad des Gesamtsystems > 75 %,
- keine Selbstentladung,
- unempfindlich gegenüber Tiefentladung und Überladung,
- niedriger Wartungsaufwand,
- kurze Ansprechzeiten im Bereich ms.

Stationäre Anlagen als Speicher für Wind- und Sonnenenergie mit bis zu 10 MWh sind in Erprobung. In Verbindung mit neuen bidirektionalen Wechselrichtern mit einem Wirkungsgrad von bis zu 96 % liefern solche Speicher schnell einsetzbare Regelenergie.

In der Erprobung befindet sich auch die Natrium-Schwefel-Batterie [65]. Bei dieser Variante sind die Elektroden flüssig und die Ladungstrennung erfolgt in einem keramischen protonenleitfähigen Festelektrolyt. Der Vorteil dieser Technik ist die hohe Energiedichte von ca. 200 Wh / l. Nachteilig sind die hohe Arbeitstemperatur von 300 °C bis 350 °C sowie die hohe Empfindlichkeit gegenüber Tiefentladungen. Es sind Systeme bis zu 10 MWh in Erprobung [66].

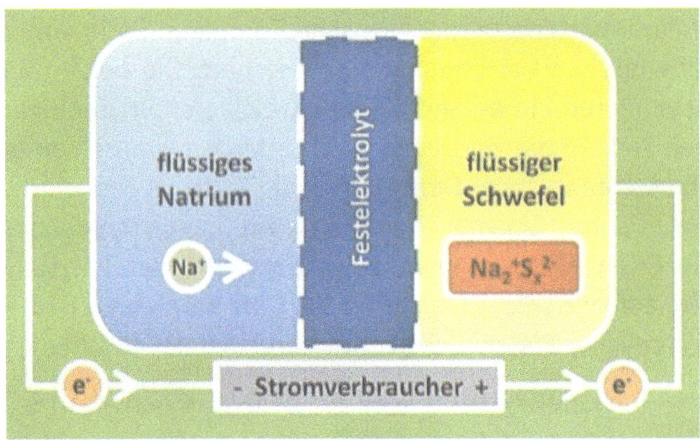

[65] Quelle: energie-experten

[66] Quelle: Younicos; Pilotanlage einer NaS-Batterie

Für das Gelingen der Energiewende ist es notwendig große Mengen an Überschussenergie aus Windkraft und Photovoltaik über längere Zeiträume zu speichern. Dies wird ohne den Einstieg in die Wasserstofftechnologien im industriellen Maßstab nicht möglich sein. Abbildung [67] zeigt schematisch die bis heute bekannten Wege auf.

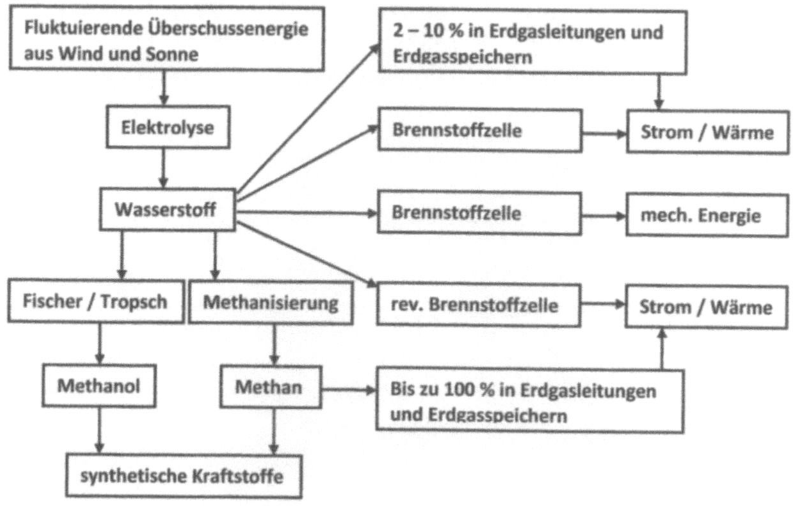

[67]

Die einzelnen oben genannten Schritte und Verfahren sind alle erprobt und serienreif. Die unterschiedlichen Wege von der fluktuierenden Überschussenergie bis zum Endverbrauch in Form von Strom, Wärme oder mechanischer Energie unterscheiden sich durch ihren Wirkungsgrad und die Höhe der notwendigen Investitionen.

Alle Verfahren zur Nutzung und Speicherung von überschüssiger Energie aus Windkraft und Photovoltaik führen im ersten Schritt zur Gewinnung von Wasserstoff H_2 durch Elektrolyse [67]. Da die meisten Verfahren für den intermittierenden Betrieb geeignet sind, werden sie wie regelbare Lasten zur Stabilisierung des Netzes eingesetzt. Das älteste Verfahren, die alkalische Elektrolyse, ist zwar technisch sehr einfach zu realisieren, hat aber nur einen bescheidenen Wirkungsgrad von 62,5 % (bezogen auf den Brennwert des erzeugten Wasserstoffs). Moderne PEM-Elektrolyseure, die heute schon zur industriellen Produktion von Wasserstoff eingesetzt werden, erreichen Wirkungsgrade von bis zu 90 %.

Die energetisch günstigste Lösung ist der direkte Einsatz des Wasserstoffs zur Energiegewinnung. Es gibt heute schon sehr effektive kleine

Blockheizkraftwerke (BHKW) auf Wasserstoffbasis mit Wirkungsgraden bis insgesamt 90 %, davon 34 % Strom und 54 % Wärme [68].

[68] Quelle: Callux, Brennstoffzelle

Für den Einsatz der Brennstoffzellen in Kraftfahrzeugen gibt es eine Reihe von vielversprechenden Pilotprojekten. In diesem Bereich kommt es bei der Einführung in den Massenmarkt vor allen Dingen darauf an, den Ausbau des Tankstellennetzes mit der Produktion von geeigneten Fahrzeugen zu synchronisieren.

Ein entsprechender Plan der in der NOW GmbH vertretenen Unternehmen der Wasserstoffwirtschaft hat für die Entwicklung des Marktes bis 2025 folgende Ziele ausgegeben:

- mindestens 500 H_2-Tankstellen bundesweit,
- mindestens 500.000 PKW´s mit Brennstoffzellen,
- mindestens 2.000 Busse mit Brennstoffzellen im ÖPNV.

Die hierfür benötigten Mittel für Forschung und Entwicklung werden auf 3 bis 5 Milliarden Euro für die nächsten 10 Jahre geschätzt.

Moderne reversible Festoxidbrennstoffzellen haben über die gesamte Kette Strom – H_2 – Strom einen Wirkungsgrad von ca. 70 %. Sie werden bereits als unterbrechungsfreie Stromversorgung für Flughäfen und militärische Einrichtungen eingesetzt. Sie könnten einen signifikanten Beitrag zur Erhöhung der Regelkapazitäten im Netz leisten.

Wasserstoff, der nicht sofort weiter verarbeitet wird, kann als Beimischung im Erdgasnetz mit einem Anteil von bis zu 10 % gespeichert werden. Leitungen und Speicher verfügen heute über ein Volumen von 23,5 Milliarden m^3. Bis 2025 rechnet man mit einem Ausbau auf 30,6 Milliarden m^3. Das wäre ein Speichervolumen von knapp 3,06 Milliarden m^3 Wasserstoff allein in den Erdgasleitungen.

Dazu kommen noch die momentan vorhandenen Porenspeicher mit einem Volumen von 612 Mio m^3. Rechnet man mit einem mittleren Heizwert von 3,55 kWh / m^3 H_2, dann ergibt sich ein Energiespeicher von insgesamt ca. 13 TWh. Im Moment ist ein Wert von 2 % H_2 im Erdgas noch normgerecht. Es laufen Untersuchungen an allen Teilen der Verteilungskette inklusive aller Armaturen, ob der Gehalt von H_2 auf 10 % ohne Beschädigungen möglich ist.

Geht man einen Schritt weiter und erzeugt aus dem Wasserstoff und CO_2 Methan, dann kann das gesamte Speichervolumen genutzt werden. Das ergibt ein Speichervolumen von 337 TWh.

Ich mach mir meinen eigenen Strom

Das EEG 2014 setzt Anreize für Investitionen in erneuerbare Energien zur Deckung des Eigenbedarfs sowohl für private Haushalte als auch für Industrie, Handel und Gewerbe. Für private Haushalte ist vor allen Dingen die Anschaffung einer eigenen PV-Anlage interessant – mit oder ohne Speicher. Grundsätzlich unterliegen alle Anlagen zur Erzeugung von erneuerbaren Energien dem Wälzungsprinzip. Die gesamten von den Netzbetreibern bezahlten Förderkosten werden abzüglich der an der Strombörse erzielten Preise als EEG-Umlage auf die Verbraucher verteilt. Von dieser Regelung sind einige Industriebetriebe sowie der Eigenverbrauchsanteil von Privathaushalten mit PV-Anlagen < 10 kWp Nennleistung ausgenommen.

Diese Ausnahmeregelungen haben immer wieder zu heftigen Diskussionen geführt, bis hin zu der plakativen Behauptung „Dezentralisierung = Entsolidarisierung". Die Befreiung von energieintensiven Betrieben von der EEG-Umlage ist eine sinnvolle wirtschaftspolitische Maßnahme zum Erhalt der Wettbewerbsfähigkeit der deutschen Industrie, solange die Anzahl der Profiteure überschaubar bleibt. Das führt zwar zu einer Erhöhung der Umlage für alle anderen Kunden, ist aber aus volkswirtschaftlicher Gesamtsicht notwendig. Die Befreiung des Eigenverbrauchs von Privathaushalten mit PV-Anlagen < 10 kWp kann man unterschiedlich sehen. Sie erhöht ebenfalls die anteiligen Kosten für alle anderen Stromkunden. Rein sachlich betrachtet sollte der Eigenverbrauch besser durch eine „Netzabgabe" belastet werden. Besitzer von PV-Anlagen sind keinesfalls autark, wie uns die Werbung mancher Fachbetriebe einreden möchte. Sie profitieren von der allgemeinen Versorgungssicherheit für den aus dem Netz bezogenen Strom und der Gewährleistung von konstanter Frequenz und Spannung, die nicht kostenlos sind, zahlen aber einen niedrigeren Beitrag zum Netzentgelt. Das Argument, der Eigenverbrauch entlaste das Netz, ist in diesem Zusammenhang nur bedingt stichhaltig. Auf der anderen Seite wissen wir, dass die Energiewende finanziert werden muss, und das zu 60 % aus privater Hand, wenn man den internationalen Schätzwerten glaubt. Also sollte jede private Investition willkommen sein.

Die maximale Größenordnung der möglichen Eigenerzeugung der Privathaushalte kann man entsprechend der Wohnsituation in Deutschland abschätzen. Wir haben 40,2 Mio Haushalte, davon 13,3 Mio in Einfamilienhäusern und 4,5 Mio in Zweifamilienhäusern. Der Rest von 22,4 Mio lebt in Mehrfamilienhäusern unterschiedlicher Größe. Für Anlagen unter 10 kWp Nennleistung kommen nur Ein- oder Zweifamilienhäuser in Betracht. Gehen wir davon aus, dass etwa jedes dritte Haus für PV geeignet ist und die Bewohner ein grünes Herz haben, dann stehen bei einem angenommenen Stromverbrauch von 4.000 kWh pro Haushalt und Jahr und ca. 6 Mio möglichen Haushalten insgesamt 24 TWh (Terawattstunden) zur Disposition. Die Versprechen der Verkäufer, mit einer PV-Anlage bis zu 100 % des Eigenbedarfs decken zu können, sollte man nicht allzu ernst nehmen, wie nachfolgende Grafiken zeigen.

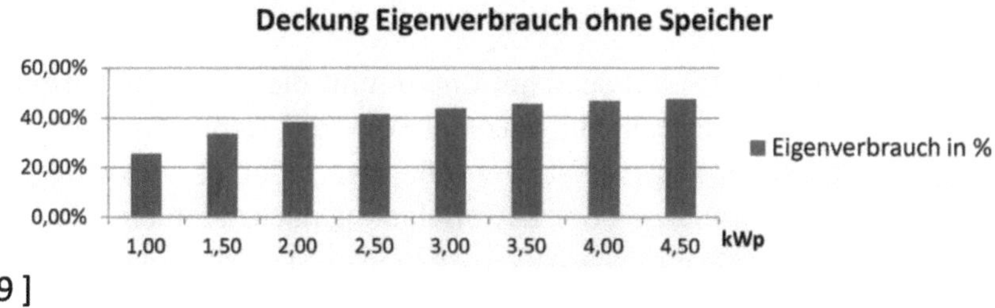

[69]

Die Modellrechnung für diese und alle weiteren Darstellungen basiert auf einer Anlage in der Mitte Deutschlands mit einer mittleren jährlichen Globalstrahlung von 1.290 kW / m² / a. Da die Globalstrahlung von der geographischen Lage abhängt und die Preise für eine PV-Anlage je nach örtlichem Wettbewerb unterschiedlich sind, wurden die Werte für die Rentabilität bzw. Amortisation bewusst ausgeblendet.

Die erreichbare Deckung des Eigenbedarfs (4.000 kWh / a) nähert sich mit steigender Anlagengröße einem Sättigungswert bei gleichzeitiger Verringerung der Eigenkapital-Rendite an [69]. Geht man von einer durchschnittlichen Anlagengröße von 3 kWp pro Haushalt aus, dann

ergibt dies einen Deckungsbeitrag von 44 % vom Eigenbedarf; das Netz
würde somit um 10,56 TWh pro Jahr entlastet.

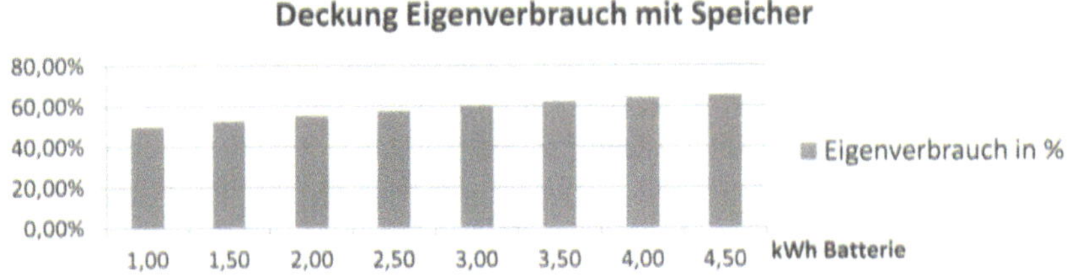

[70]

Kombinieren wir jetzt die PV-Anlagen mit der angenommenen Nennleistung von 3 kWp jeweils mit einem Batteriespeicher, dann kann der
Deckungsbeitrag weiter erhöht werden, wie Grafik [70] zeigt. Auch hier
stellt sich mit steigender Batteriekapazität wieder ein Sättigungswert von
ca. 65 % ein. Mit einer Speicherkapazität von durchschnittlich 4,5 kWh
würde das Netz um 15,6 TWh entlastet.

Kombiniert man PV und Speicher und nimmt die staatliche Förderung
in Anspruch, dann darf nur mit maximal 50 % der Nennleistung der PV-
Anlage in das Netz eingespeist werden. Hier lohnt es sich über eine
prognosebasierte Steuerung der Batterieladung nachzudenken [71].

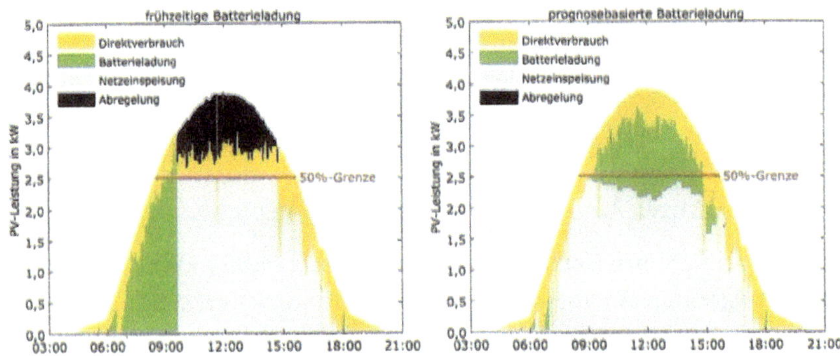

[71] Quelle: HTW; Intelligent speichern statt abregeln

Die möglichen Vorteile sind ganz offensichtlich.

Alle vorhergehenden Werte ergeben sich aus der Modellrechnung, wenn man die durchschnittliche Lastkurve NH0 für private Haushalte in Deutschland als Basis nimmt. Setzt man jetzt auf der Verbraucherseite mit einem intelligenten Energie- und Lastmanagement an, dann sind weitere Verbesserungen möglich. Die beiden nachfolgenden Modellrechnungen gehen von einer nur leicht modifizierten Lastkurve aus, wobei lediglich 10 % des gesamten Strombedarfs in Richtung der Sonnenstunden verschoben wurden [72].

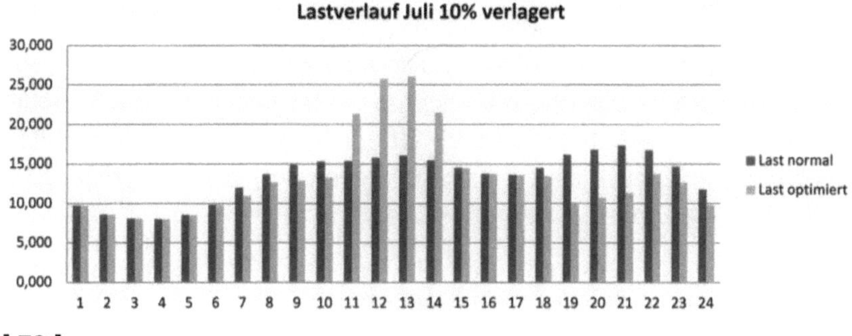

[72]

Diese theoretische Veränderung des Verbraucherverhaltens soll zeigen, welch zusätzliches Potential in der Einführung der entsprechenden Hard- und Software beim Energiemanagement steckt.

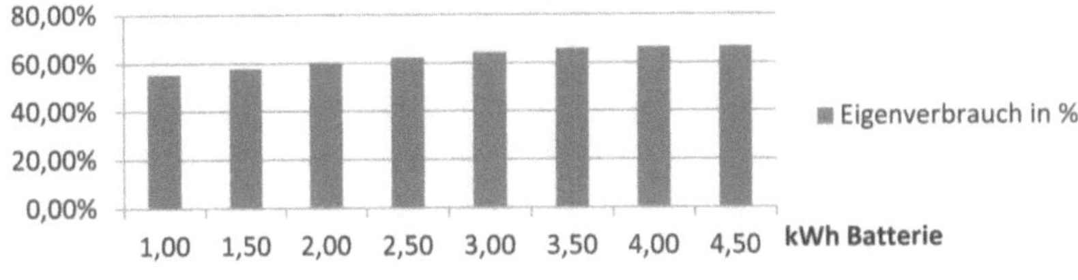

[73]

[74]

Durch die Optimierung der Lastkurven kann der Eigenverbrauch ohne Speicher [73] um 6 %, mit Speicher [74] um 1,5 % gesteigert werden.

Der Einsatz der Speicher wirkt sich auch positiv auf die Netzstabilität aus. Geht man jetzt noch einen Schritt weiter und nutzt die Speicher im virtuellen Verbund als Senken für Überschussstrom aus dem Netz und stellt die Kapazitäten als Quellen für Regelenergie zur Verfügung, dann kann damit der Anteil der erneuerbaren Energien an der

Stromproduktion wesentlich erhöht werden. Gleichzeitig erhöht sich damit die Wirtschaftlichkeit der Anlagen.

Wenn es jetzt noch gelingen würde, eine größere Anzahl von Haushalten durch Verbundlösungen für Wohngebiete oder Stadtquartiere in die Eigenversorgung einzubinden, dann ist eine Eigenversorgung von bis zu 60 % für den Bereich der Privathaushalte denkbar.

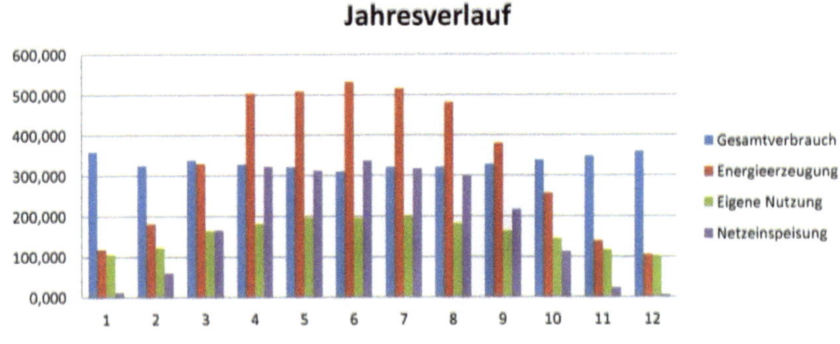

[75]

Bild [75] zeigt aber auch deutlich, dass die saisonalen Unterschiede im Ertrag der PV-Anlagen durch das Netz ausgeglichen werden müssen. In kleineren Verbundeinheiten kann dies durch Zukauf an der Börse geschehen. Soll dieser Zukauf immer in Form von Grünstrom erfolgen, dann muss dieser auch in der entsprechenden Menge angeboten werden.

Das Thema Eigenversorgung wird in Zukunft immer mehr an Bedeutung gewinnen, wenn die Bereiche Raumwärme und Verkehr im privaten Energiemanagement integriert werden. Für Ein- und Zweifamilienhäuser kann die Kombination PV und Erdwärme den Anteil der erneuerbaren Energien am gesamten Primärenergiebedarf steigern. Für größere Wohneinheiten bietet die Kombination von PV und gasbefeuertem Blockheizkraftwerk eine Alternative. Wird das System noch mit Ladestationen für die steigende E-Mobilität verbunden und die gut verkäufliche Regelenergie durch größere Batteriekapazitäten und gute Vernetzung erhöht, dann können virtuelle Kraftwerke einen guten Beitrag zur Energiewende im Haushaltsbereich leisten. Eine wesentliche Voraussetzung für diese Entwicklung ist die Digitalisierung der Messtechnik im Energiebereich. Eine entsprechende gesetzliche Regelung ist dringend erforderlich.

Die Eigenversorgung spielt aber nicht nur für die Privathaushalte eine Rolle. Gewerbe und Industrie haben die Möglichkeiten noch längst nicht ausgeschöpft. Hier gibt es oft noch Bedenken, ausserhalb der eigenen Kernkompetenz zu investieren. Es gibt aber heute schon verschiedene interessante Angebote für Pachtverträge auf dem Markt. Der Dachbesitzer zahlt eine Pachtgebühr und kann dafür den erzeugten Strom verbrauchen, sowohl für den Betreiber wie auch für den Pächter eine echte winwin-Situation.

Wirklich autark sind nur Inselsysteme ohne Netzanschluss. Alle anderen Lösungen sind netzgebunden und damit auch von den Leistungen der Betreiber – Ausfallsicherheit, Spannungs- und Frequenzstabilität – abhängig. Diese Leistungen müssen vom Endkunden bezahlt werden. Bei steigendem Eigenverbrauch werden diese Kosten auf die verbleibenden Abnehmer verteilt. Hier gilt es darauf zu achten, dass die soziale Ausgewogenheit erhalten bleibt.

Der Umbau der Energiewirtschaft

Wir wissen, dass es keinen Königsweg zur Energiewende gibt. Jede Maßnahme, die zur Minderung der Treibhausgas-Emissionen beitragen kann, ist willkommen. In den letzten Jahren ist die Energiewirtschaft in den Mittelpunkt des Interesses gerückt, weil in diesem Bereich knapp 40 % der Treibhausgase entstehen. Diesem Bereich kommt daher eine Schlüsselrolle in der Energiewende zu.

Die Energiewende hat zum Ziel, alle Energiequellen, die CO_2-Emissionen erzeugen (Kohle, Gas, Öl), nacheinander durch erneuerbare Energien zu ersetzen.

Im Bereich der Energiewirtschaft sprechen wir von

Inlandsbruttoerzeugung, Import, Export, Nettoverbrauch, Bruttoverbrauch. Für 2014 ergibt sich aus den Zahlen des BMWi folgendes Bild:

Inlandserzeugung brutto	625,3 TWh
+ Import	38,9 TWh
- Export	74,4 TWh
= Bruttostromverbrauch	589,8 TWh
- Verluste, Eigenverbrauch	78,3 TWh
= Nettostromverbrauch	511,5 TWh

Die letztendlich durch die Energiewirtschaft zu erbringende Energie muss zumindest den Bruttostromverbrauch decken.

Seit 1991 nimmt der Gesetzgeber Einfluss auf die Einführung der erneuerbaren Energien. Im damaligen Stromeinspeisungsgesetz wurde die Mindestvergütung von regenerativ erzeugtem Strom festgelegt. Den eigentlichen Einstieg in die Energiewende brachte das Erneuerbare-Energien-Gesetz (EEG) aus dem Jahre 2000. Erstmals wurde die vorrangige Einspeisung der regenerativen Energien in das öffentliche Netz per Gesetz festgelegt. Die Vergütungen wurden im Sinne einer Anschub-Finanzierung erheblich angehoben. In den Novellen von 2004, 2009 und 2012 wurden die Vergütungen und die Ausbauziele entsprechend den aktuellen Kosten und dem Ausbaugrad angepasst. Mit der Fassung aus dem Jahre 2014 wurde im Sinne der Kostendämpfung die Verpflichtung zur Direktvermarktung eingeführt. 2016 wurde das Ausschreibungsvolumen erhöht.

Dem vorliegenden EEG liegen zwei grundsätzliche strategische Entscheidungen zu Grunde.

Die Frage, ob die Energiewende *zentral* oder *dezentral* zu schaffen ist, wurde momentan mit *dezentral* beantwortet. Das entspricht der in der EU beschlossenen Verpflichtung zur Entflechtung von Energieerzeugung und dem Betrieb der Netze. Es bedeutet aber auch, weg von den marktbeherrschenden wenigen Stromerzeugern hin zu einer Vielzahl von örtlichen Kleinerzeugern. Die positiven Aspekte an diesem Weg sind einmal ein gewisser Zeitgewinn für den notwendigen Ausbau der Netze und zum anderen die einfache und schnelle Einbindung von privatem Kapital. Der negative Aspekt ist die steigende Schwierigkeit, die erneuerbaren Energien in das Netz zu integrieren, ohne die technische Sicherheit zu beeinträchtigen. Sollte der Bedarf an Regelenergie in Zukunft stark steigen, dann wird man auch wieder über zentrale Lösungen nachdenken müssen.

Die Frage - *Kapazitätsmarkt* oder *Energiemarkt* – wurde für den Moment mit *Energiemarkt* beantwortet. Mit der Verpflichtung zur Direktvermarktung wurde auch die Förderung des Eigenverbrauchs trotz klarer entsolidarisierender Wirkung favorisiert. Auch der Kapazitätsmarkt ist bei steigender Nachfrage nach Regelenergie und einem damit verbundenen Einstieg in die Wasserstoff-Technologie jedoch noch nicht vom Tisch.

Wie im richtigen Leben, liegen Anspruch und Wirklichkeit oft weit auseinander. Für den Bereich Energiewirtschaft wurde im Monitoring-Bericht der Bundesregierung vom 19.1.2015 eine Absenkung des Bruttostromverbrauchs bis 2050 um 25 % gegenüber dem Wert von 2008 als Ziel gesetzt.

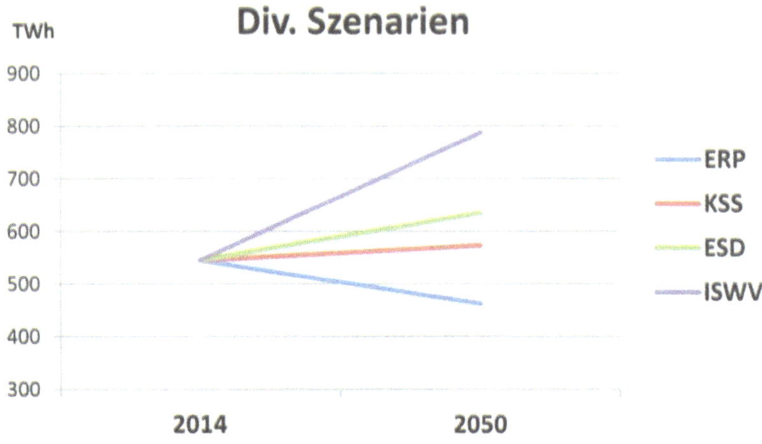

[76] Quelle: Fraunhofer IWES 2015; „wie hoch ist der Stromverbrauch in der Energiewende"

Wie weit die Prognosen zur Entwicklung des Strombedarfs auseinander liegen, zeigt Bild [76].

ERP   Energiereferenzprognose
KSS   Klimaschutzszenario 2050
ESD   Energiesystem Deutschland 2050
ISWV   Interaktion EE-Strom, Wärme und Verkehr 2050

Fest steht, dass in den Bereichen Verkehr und Wärme fossile Energieträger zunehmend durch elektrische Energie substituiert werden müssen, um die Klimaziele zu erreichen. Heute wissen wir schon, dass alle vier vorliegenden Basisszenarien für 2050 wesentlich zu niedrige Werte zeigen.

Bleiben wir also zunächst einmal in der Gegenwart. Da die offiziellen Energiedaten aus dem BMWi momentan nur bis Ende 2014 verfügbar sind, basieren alle nachfolgenden Daten und Tabellen auf dem Stand Ende 2014. Eventuelle aktuelle Abweichungen werden – soweit bekannt berücksichtigt.

Energieträger	Leistung	Stromerz.	verfügbar	Emissionen	
	GW	TWh	%	Mt CO$_2$	Mt CO$_2$ / TWh
Steinkohle	34,4	118,4	39,3	100,2	0,846
Braunkohle	23,3	155,7	76,3	163,1	1,048
Erdöl	2,9	6,1	24,0	5,6	0,918
Erdgas	26,9	59,8	25,4	23,9	0,400
Kernenergie	12,1	97,1	89,1		
Wasserkraft	10,3	25,4	28,2		
Wind	39,2	57,4	16,7		
Photovoltaik	38,2	35,1	10,5		
Biomasse	6,9	42,8	70,8		
Sonstige	8,3	27,5	37,8	13,0	
Grubengas				20,8	
Total	202,5	625,3		326,6	

Die erste Spalte „Leistung" zeigt die installierte Nennleistung der Kraftwerke in GW (Gigawatt) an. Die zweite Spalte „Stromerz." zeigt die im Jahre 2014 erzeugte Energie in TWh (Terawattstunden) an. Die Prozentzahlen in der Spalte „verfügbar" geben die reale Auslastung an (100 % wären 8.760 Stunden im Volllastbetrieb). Die Spalte „Emissionen" zeigt einmal den Jahresausstoss der Treibhausgase in Mt CO$_2$ – Äquivalenten sowie den Emissionskoeffizienten in Mt CO$_2$ / TWh. Letzterer zeigt die „Klimaschädlichkeit" der verschiedenen Energieträger an.

Würde man alle Kohlekraftwerke durch Gaskraftwerke ersetzen, könnte man rein rechnerisch 153,7 Mt CO$_2$ – also fast die Hälfte aller Emissionen – einsparen. Aber befassen wir uns zunächst mit den Energieträgern, die uns in naher Zukunft nicht mehr zur Verfügung stehen werden.

Die Betriebsgenehmigungen der AKWs laufen per Gesetz bis 2022 aus:

Kraftwerk	Jahresleistung GWh	Auslaufdatum
Grafenrheinfeld	10.444	Dez 15
Gundremmingen B	10.014	Dez 17
Philippsburg 2	9.225	Dez 19
Grohnde	10.035	Dez 21

Kraftwerk	Jahresleistung GWh	Auslaufdatum
Gundremmingen C	10.539	Dez 21
Brokdorf	11.537	Dez 21
Isar 2	11.422	Dez 22
Emsland	11.538	Dez 22
Neckarwestheim	11.351	Dez 22

Geht man davon aus, dass die Verfügbarkeit der Kraftwerke etwa wie im Jahre 2014 bleibt, dann kann man aus dem Diagramm [77] den Gesamtbeitrag der AKWs an der Stromproduktion bis 2023 ablesen.

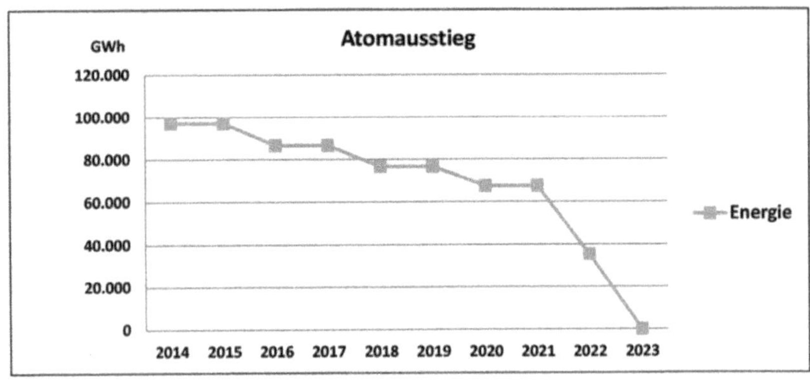

[77]

Gelegentlich hört oder liest man, dass der Ausstieg aus der Kernenergie mit Blick auf die Leipziger Strombörse den Preis der Energie erhöhen würde, weil die AKWs den billigsten Strom erzeugen. Das liegt an dem Umstand, dass die Preise an der Börse durch das Merit-Order-Verfahren ermittelt werden und alle Anbieter gehalten sind, ihren Angeboten nur Grenzkosten und nicht Vollkosten zu Grunde zu legen. Rechnet man die bisher für die Kernenergie geleisteten Förderungen und die zu erwartenden Entsorgungskosten hinzu, dann ist die Kernenergie ohnehin wesentlich teurer. Die Förderungen sind geleistet, ein Großteil der Entsorgungskosten wird noch auf uns zukommen. Obwohl in der Politik alles möglich ist, können wir wohl davon ausgehen, dass der Ausstieg aus der Kernenergie endgültig beschlossen ist.

Dieser Ausstieg ist noch nicht abgeschlossen, da reden wir schon vom nächsten. Die Darstellung der Ausgangslage 2014 zeigt deutlich, dass die Klimaziele nicht zu erreichen sind, wenn wir nicht zeitnah mit der Dekarbonisierung unserer Energiewirtschaft – dem Verzicht auf Braun- und Steinkohle – beginnen. Die Diskussionen darüber sind voll im Gange. Gesucht wird der *„Kohlekonsens"*.

Die Bundesregierung will bis 2017 einen Plan erarbeiten, wie der Ausstieg aus der Kohle für die Kraftwerksbetreiber, die Verbraucher und die Beschäftigten möglichst schmerzfrei und kostengünstig zu bewerkstelligen ist.

Einen guten Einblick in die Problematik und eine erste Konkretisierung für die Durchführung dieses absolut notwendigen Vorhabens bietet die Studie *„Agora Energiewende (2016): Elf Eckpunkte für einen Kohlekonsens. Konzept zur schrittweisen Dekarbonisierung des deutschen Stromsektors"*. Neben den flankierenden Maßnahmen für die Betreiber und die Infrastruktur enthält das Konzept realistische Vorschläge für die schrittweise Abschaltung der Kohlekraftwerke. Gehen wir davon aus, dass der Kompromiss zum Kohleausstieg (Kohlekonsenspfad 2040) in etwa so abläuft, wie es Bild o. g. Studie vorschlägt [78]

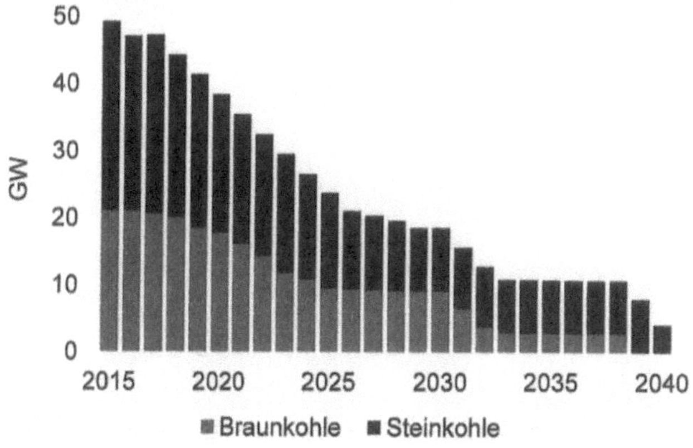

[78] Quelle: Agora; Energiewende 2016

Nehmen wir an, dass die Durchschnittswerte der jährlichen Betriebsstunden für die Braunkohlekraftwerke bis zur Abschaltung bei den Werten für 2015 (6.684 Stunden) bleiben und für die Steinkohle nach der Abschaltung der AKWs von derzeit 3.440 auf 4.380 Stunden ansteigen. Bild [79] zeigt die somit erzeugten Strommengen an.

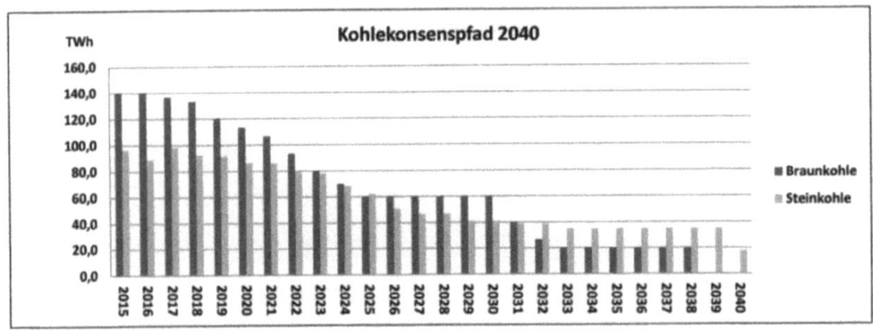

[79]

Um die nötige Versorgungssicherheit im Netz trotz der Abschaltung der AKWs und der Reduzierung der Kohlekraftwerke zu garantieren, wird eine massive Aufstockung im Bereich der Gaskraftwerke notwendig. Wir brauchen zusätzliche GuD (Gas und Dampf) Kraftwerke im Grund- und Basislastbereich und GT (Gasturbine) Kraftwerke als Regelreserve. Die mit den im Kohlekonsenspfad 2040 errechneten Zubauten erzeugte Energie zeigt Bild [80].

[80]

Ob dies auch für die Erreichung der gesteckten Klimaziele ausreicht, erscheint äußerst zweifelhaft.

Als Minimalziel wurde von der Bundesregierung anlässlich der COP 21 in Paris eine Reduzierung der jährlichen Emissionen bis auf 250 Mio t CO_2-Äquivalent im Jahre 2050 ausgegeben. Verteilt man diese

Reduzierung gleichmäßig auf alle Verursacher, dann würden sich für das Jahr 2050 folgende Werte ergeben:

Alle Werte in Mio t CO_2-Äquivalent			
	2013	2050	Variante 1
Energiewirtschaft	375	99	61
Industrie	186	49	98
Verkehr	158	42	26
Haushalte	99	26	16
Landwirtschaft	76	20	40
Handel und Gewerbe	48	13	8
andere	3	1	1
Total	945	250	250

Ohne große Studien anlegen zu müssen kann man zwei Schwachpunkte in der Kalkulation mit bloßem Auge erkennen. Im Bereich der Industrie würde die radikale Minderung der Emissionen unter Umständen die internationale Wettbewerbsfähigkeit der deutschen Wirtschaft gefährden. Um die oben berechneten theoretischen Werte in der Landwirtschaft zu erreichen, müssten wir alle zu Vegetariern oder noch besser zu Veganern werden. Wenn wir aber in diesen Bereichen Zugeständnisse machen, dann müssen wir auf den anderen Gebieten mehr einsparen. Die Zahlen der dritten Spalte (Variante 1 in Klammern) zeigen beispielhaft, wie eine solche Umverteilung aussehen könnte.

Der nächste kritische Punkt ist die nötige Umverteilung des jährlichen Bedarfs an Primärenergie auf die verschiedenen Energieträger. Durch diese Umverteilung wird ein Teil der fossilen Energiequellen im ersten Schritt durch regenerativ erzeugten Strom und im zweiten Schritt durch regenerativ erzeugtes Gas (Power-to-Gas) ersetzt werden müssen. Diese Substitution betrifft in starkem Maße die Bereiche Haushalt und Verkehr. Betrachten wir zunächst die privaten Haushalte.

Die Daten der nachfolgenden Tabelle [81] stammen aus „Zahlen und Fakten, Energiedaten" herausgegeben vom BMWi. Sie zeigen den gesamten Energiebedarf der deutschen Privathaushalte im Jahr 2014, aufgeschlüsselt nach Verwendung und Quellen, alle Zahlen in PJ (PetaJoule).

	Öl	Gas	Strom	Fern-Wärme	Kohle	EE	total
Raumwärme	372,0	671,5	31,2	137,9	30,0	235,4	1.478,0
Warmwasser	76,7	173,8	65,7	17,9	0,5	27,2	361,8
Prozesswärme		3,3	131,5				134,8
Kühlung			98,8				98,8
Mech. Energie			11,7				11,7
IKT			83,9				83,9
Beleuchtung			43,4				43,4
total	448,7	848,6	466,2	155,8	30,5	262,6	2.212,4

[81]

Ohne komplizierte Modellrechnungen kann man in etwa abschätzen, was passieren wird. Der Energieträger Kohle wird analog zum Kohlekonsens in der Energiewirtschaft bis 2040 kontinuierlich verschwinden. Als nächstes wird das Heizöl in den Haushalten ersetzt werden, Fernwärme und Gas bleiben zunächst, die erneuerbaren Energien werden zulegen.

Um die Auswirkungen auf den Strombedarf in ihrer Größenordnung zu begreifen, kann man folgendes Gedankenexperiment anstellen. Wir nehmen einmal an, dass durch bessere Dämmung der Energiebedarf für die Raumwärme bis 2050 halbiert wird und in den anderen Bereichen der Haushalte eine Reduzierung um 20 % erreicht wird. Ersetzen wir jetzt das Öl durch Strom, dann entsteht ein Mehrbedarf von ca. 250 PJ bei gleichzeitiger Einsparung von ca. 100 PJ.

Das würde bedeuten, dass sich der jährliche Strombedarf um ca.
150 PJ – das entspricht etwa 42 TWh – erhöht.

Im Verkehrsbereich muss sich ebenfalls Entscheidendes tun, damit die Klimaziele erreicht werden. Auch hier wieder ein Gedankenexperiment. Im Moment sind in Deutschland etwa 30 Mio Fahrzeuge mit Ottomotoren zugelassen. Diese Zahl ist seit Jahren ziemlich stabil. Der jährliche Verbrauch an Benzin liegt bei etwa 745 PJ, das bedeutet etwa 7.000 kWh pro Fahrzeug pro Jahr. Nehmen wir an, dass der Energiebedarf eines

Elektromobils etwa halb so hoch wie der eines Benziners ist und bis 2050 ca. 50 % aller PKW's mit Ottomotoren durch E-Mobile ersetzt werden, dann ergibt sich ein zusätzlicher jährlicher Strombedarf in Höhe von 52,5 TWh.

Allein diese ziemlich konservativen Ansätze zeigen, dass der Strombedarf bis 2050 keineswegs konstant bleibt, sondern erheblich ansteigt. Folgt man den Annahmen des ISWV, dann werden 2050 etwa 788 TWh erreicht (siehe Grafik am Anfang des Kapitels). Um die Energiewende aus der Sicht der Energiewirtschaft zu beurteilen, sollten wir also im Minimum von diesen Werten ausgehen.

Der gesetzliche Rahmen für die Energiewende wird maßgeblich vom EEG (Erneuerbare Energien Gesetz) und vom EnWG (Energiewirtschaftsgesetz) bestimmt. Im EEG wird der Zubaupfad für die erneuerbaren geregelt und entsprechend der Veränderung auf dem Markt durch entsprechende Novellen angepasst. Danach wird der Zubau wie folgt begrenzt:

Wind an Land	2,5 GW pro Jahr
Wind auf See	bis 2020 gesamt 6,5 GW, bis 2030 gesamt 15 GW
Photovoltaik	2,5 GW pro Jahr
Biomasse	0,1 GW pro Jahr

Nimmt man die Werte von 2014 und rechnet jetzt den Atomausstieg, den Kohleausstieg 2040 und die Vorgaben für den Zubaupfad aus dem EEG 2014 in die Bruttostromerzeugung ein, dann gibt Bild [82] in etwa den Verlauf bis 2050 wieder. Hierbei ist schon berücksichtigt, dass sich die Verfügbarkeit der Gaskraftwerke von 25,4 % kontinuierlich auf 38,1 % erhöht. Diese Erhöhung wird hauptsächlich GuD-Kraftwerke betreffen. Hier steckt aber noch eine Reserve für eine weitere Erhöhung drin.

Ein entscheidender Faktor für die zukünftige Höhe der Kapazität an Gaskraftwerken und die Geschwindigkeit des Ausbaus wird nicht zuletzt auch von der weiteren Entwicklung der Power-to-Gas Technologien abhängen. Diese könnte durch eine Substitution von Erdgas durch regenerativ erzeugtes Gas wichtig für die Erreichung der Klimaziele sein.

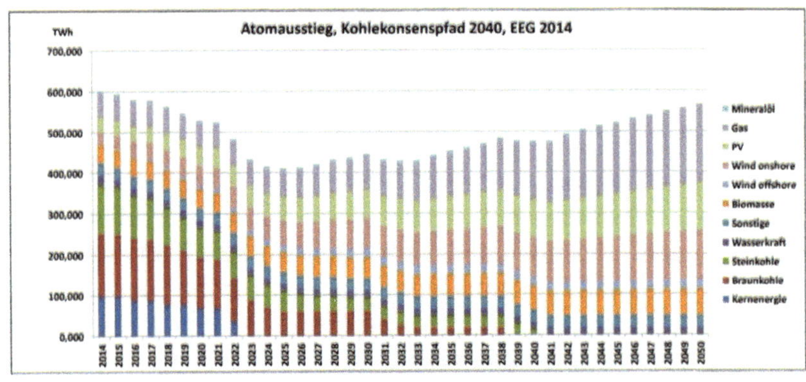

[82]

Trotzdem ist auch bei diesem konservativen Gedankenexperiment schon eine erhebliche Deckungslücke zu erkennen, wie Bild [83] zeigt.

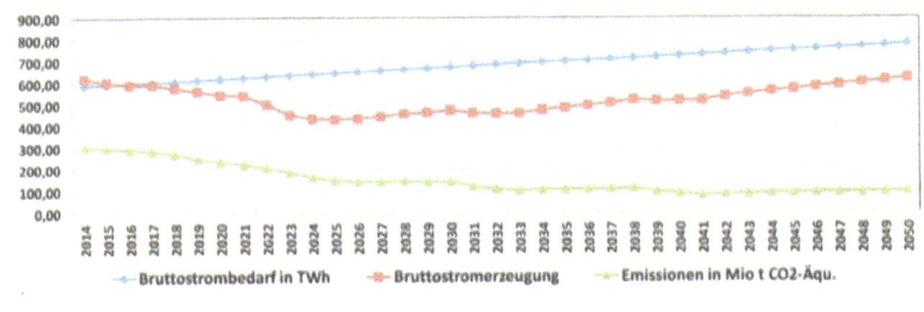

[83]

Aus unserer bisherigen politischen Lebenserfahrung wissen wir, was vermutlich passieren wird: der Kohleausstieg wird gebremst werden.

Rein theoretisch ist uns klar, dass wir uns im Laufe dieses Jahrhunderts von allen fossilen Energiequellen trennen müssen – nicht etwa, weil uns die Ressourcen ausgehen, sondern weil wir den Klimawandel in Grenzen halten müssen. Der Umbau unserer gesamten Energieversorgung muss schnell erfolgen aber er darf auch nicht ohne Berücksichtigung bestehender Infrastrukturen und der Bestandssicherung für getätigte Investitionen erfolgen.

100

In diesem Sinne ist es wichtig, eine mögliche Entwicklung in allen Bereichen, die für die Emission von Treibhausgasen verantwortlich sind, zu betrachten. Das absolute Minimalziel ist hierbei die Absenkung der jährlichen Emissionen auf 250 Mt CO_2-Äquivalente bis zum Jahre 2050.

Kehren wir zurück zu unserem Gedankenexperiment, in dem wir 50 % der Ölheizungen aller privaten Haushalte durch Elektroheizung ersetzt haben. Die Versorgung der Haushalte durch Erdgas und Fernwärme ist durch eine bestehende Infrastruktur gesichert, die man nicht oder nur langsam auflösen kann. Geht man davon aus, dass Öl und Kohle für die Bereiche Raumheizung und Warmwasser durch Strom ersetzt wird, dann verursacht der Gasverbrauch immer noch jährliche Emissionen von ca. 50 Mt CO_2 statt der angedachten 16 Mt. Das bedeutet aber, dass bei Beibehaltung der Infrastrukturen ab 2050 das Gas für die Haushalte zu 2/3 regenerativ erzeugt werden muss.

Noch schwerwiegender ist die Umstellung auf erneuerbare Energien im Verkehrsbereich. Da die Erhöhung des Anteils der Biokraftstoffe begrenzt ist, müssen Strom, Wasserstoff oder regenerativ erzeugtes Gas das Mineralöl ersetzen. Wie schwierig dies wird, ist jetzt schon am zögerlichen Einstieg in die E-Mobilität zu erkennen.

Die Energiewende

Der Begriff „Energiewende" wird bisher hauptsächlich mit dem nötigen Umbau der Energiewirtschaft in Verbindung gebracht. Diese begriffliche Verengung behindert die ganzheitliche Betrachtung des Themas. Die beiden wichtigen Kernpunkte aus dem COP21-Vertrag sind:

1. Halbierung des Primärenergieverbrauchs bis 2050 bezogen auf den Wert von 2008
2. Reduzierung der Emissionen (CO_2-Äquivalent) bezogen auf die Werte von 1990

    um 40 % bis 2020 und um 80 % bis 2050.

Das bedeutet in Zahlen:

	2014	2020	2050
Primärenergiebedarf (PJ)	13.132	11.504	7.190
Emissionen CO_2-Äqu. in Mt	902	749	250

Für die nachfolgenden Überlegungen gehen wir davon aus, dass beide Forderungen erfüllt werden. Für den Primärenergieverbrauch nehmen wir den realen Ausgangswert für 2014 mit 13.132 PJ.

Die Grafik [84] zeigt den Primärenergieverbrauch aus dem Jahre 2014, aufgeteilt auf die verschiedenen Energiequellen.

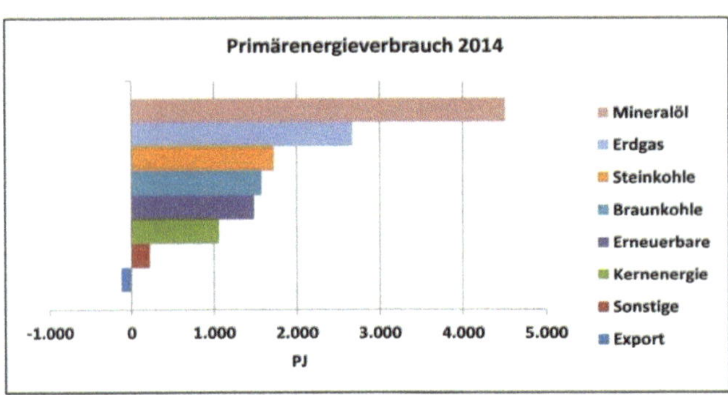

[84] Quelle: AGEB (AG Energiebilanzen)

Wenn wir von den aktuellen Zahlen ausgehen und die oben definierten Ziele im Auge behalten, dann kann man mit einer einfachen Modellrechnung [85] abschätzen, wie sich die diversen Energiequellen bis zum Jahr 2050 ungefähr entwickeln müssten.

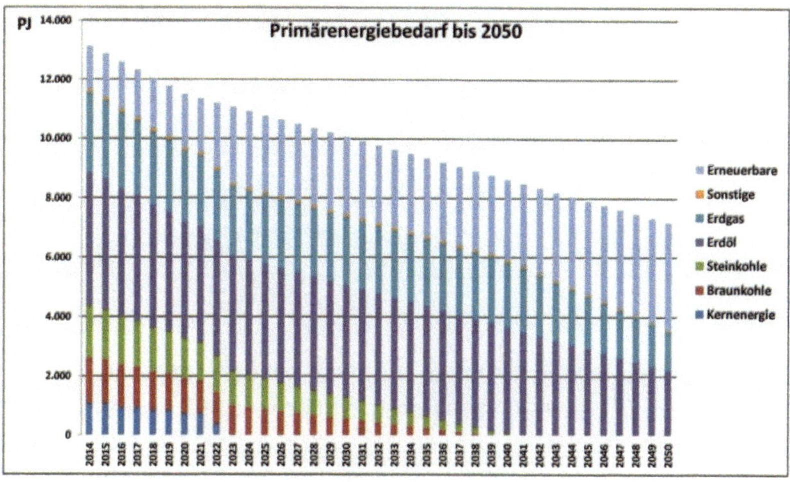

[85]

In einem nächsten Schritt kann man dann die derzeitigen Ausbaupfade nach dem EEG 2016 für die erneuerbaren Energien bis zum Jahr 2050 extrapolieren und mit dem geschätzten Bedarf aus der Graphik 85 vergleichen [86].

Schon mit diesem einfachen Modell kann man erkennen, dass ab dem Jahr 2022 erhebliche Deckungslücken (Fehlbetrag) entstehen. Aus zeitlichen Gründen wird die Lösung wohl in Gaskraftwerken vom Typ GuD und GT sein. Das verdirbt uns kurzfristig die Emissionsbilanzen, kann aber repariert werden, wenn zu einem späteren Zeitpunkt das Erdgas durch regenerativ erzeugtes Gas ersetzt wird.

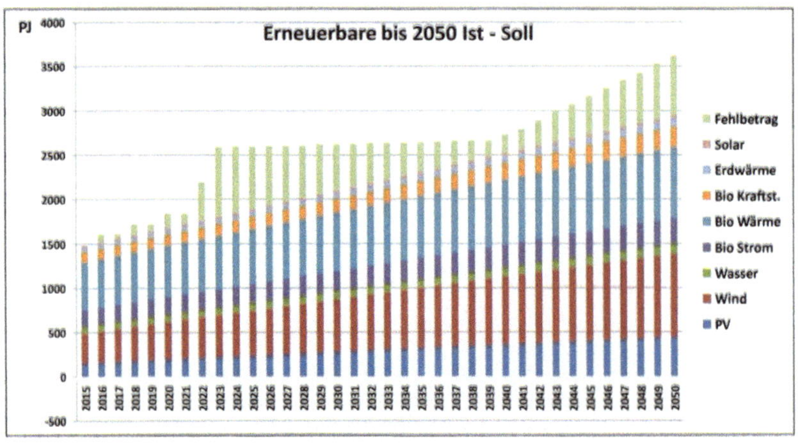

[86]

Als nächstes taucht die Frage auf, wie wir den steigenden Anteil der erneuerbaren Energien am gesamten Primärenergieaufkommen nachhaltig und sicher integrieren können. Im ersten Schritt wird die Elektrolyse zum Einsatz kommen, geschätzt ab dem Jahr 2022. Wenn wir die Erdgasspeicher mit 10 % Anteil Wasserstoff befüllen, steht uns ein Speicher mit einer Kapazität von ca. 47 PJ zur Verfügung. Wenn wir die bestehenden Gaskraftwerke mit diesem Gemisch bedienen, dann lassen sich deren Emissionen um 10 % senken. Sobald die erneuerbaren Energien einen Anteil von etwa

40 % an der Primärenergieerzeugung erreichen, wird wohl zusätzlich die Umwandlung von Überschussenergie in Methanol zur Schaffung von Langfristspeichern zum Einsatz kommen.

Vor diesem Hintergrund stellt sich die Frage: wie schaffen wir es, den Strom bis 2050 tatsächlich grün zu machen? Das auf eine weitgehend dezentrale Lösung ausgelegte EEG 2014 sowie die Entwürfe für ein EEG 2016 sind lediglich als Einstieg anzusehen. Das jährliche Monitoring und die kurzfristigen Anpassungen des EEG lassen momentan keine Strategie für die Lösung des Problems erkennen.

104

Die Förderungen der Speichertechnik – hauptsächlich auf dem Batteriesektor – dienen der kurzfristigen Stabilisierung des Netzes im Bereich der Energiewirtschaft. Um den Anteil der erneuerbaren Energien an der Primärenergie im Rahmen der Zielsetzung von Paris im hierfür notwendigen Ausmaß zu erreichen, ist eine mittel- bis langfristige Strategie notwendig. Dies müsste dann allerdings parteienübergreifend passieren, weil unsere Legislaturperioden zu kurz sind. Wenn man heute sieht, dass Teile der CDU unter dem Einfluss von diversen Lobbyisten die gänzliche Abschaffung des EEG fordern und die SPD geführte Landesregierung von Nordrhein-Westfalen sich vehement gegen den Ausstieg aus der Braunkohle stemmt und die AfD sogar den von Menschen gemachten Klimawandel bestreitet, dann kann man sich im Augenblick höchstens Koalitionen gegen die Energiewende vorstellen.

Betrachten wir zunächst die Möglichkeiten, die sich uns unter Wahrung unserer energiepolitischen Unabhängigkeit und der gebotenen nationalen Versorgungssicherheit bieten. Wir wissen, dass wir die erneuerbaren Energiequellen erheblich stärker nutzen müssen, als es derzeit geschieht. Da die Biomasse und auch die Geothermie nur in einem begrenzten Rahmen ausbaubar sind, verteilt sich die Hauptlast auf Wind- und Solarenergie. Die stochastischen Eigenschaften dieser Energiequellen und die für einen vernünftigen statistischen Ausgleich begrenzte Fläche der Bundesrepublik erfordern einen parallelen Ausbau von Regelenergie und saisonalen Speichern. Das kann momentan nur mit Gaskraftwerken (GuD und GT) bewerkstelligt werden. Und hier stoßen wir aus verschiedenen Gründen ganz unsanft an die Grenzen des bestehenden „energy-only"-Marktes.

1. Die von der EU geforderte und auch in Deutschland angedachte Entflechtung von Netz und Erzeugung geht nicht weit genug. Dadurch und auch wegen der fehlenden Akzeptanz in der Bevölkerung, wird der notwendige Ausbau des Netzes stark behindert.
2. Der Strom aus Gaskraftwerken mit einer kaufmännisch vernünftigen Abschreibungsdauer und einer passablen Jahreslaufzeit liegt momentan bei geschätzten € 75 pro MWh und damit weit über dem Börsenpreis.

3. Gaskraftwerke müssen in weiterer Zukunft nach und nach mit regenerativ erzeugtem Gas anstatt Erdgas versorgt werden, damit wir die Emissionen in Grenzen halten können.

Die Punkte 1 und 2 sind stark von der Politik abhängig, was uns nicht froh stimmen kann. Punkt 3 kann technisch gelöst werden und ist in Arbeit.

Bei neuen technischen Lösungen stehen immer

- Innovationsrisiko **gegen** Investitionssicherheit,

- betriebswirtschaftliche Kosten **gegen** volkswirtschaftlichen Nutzen.

Um die Energiewende im Verkehrsbereich auf eine breite Basis zu stellen, wurde die Arbeitsgruppe „Agora Verkehrswende" als Geschäftsbereich der „Smart Energy for Europe Plattform GmbH" mit den Gesellschaftern „Stiftung Mercator" und „European Climate Foundation" gegründet.

Moderne reversible Festoxidbrennstoffzellen haben über die gesamte Kette Strom – H_2 – Strom einen Wirkungsgrad von ca. 70 %. Sie werden bereits als unterbrechungsfreie Stromversorgung für Flughäfen und militärische Einrichtungen eingesetzt. Sie könnten einen signifikanten Beitrag zur Erhöhung der Regelkapazitäten im Netz leisten.

Wasserstoff, der nicht sofort weiter verarbeitet wird, kann als Beimischung im Erdgasnetz mit einem Anteil von bis zu 10 % gespeichert werden. Leitungen und Speicher verfügen heute über ein Volumen von 23,5 Milliarden m^3. Bis 2025 rechnet man mit einem Ausbau auf 30,6 Milliarden m^3. Das wäre ein Speichervolumen von knapp 3,06 Milliarden m^3 Wasserstoff.

Um die Energiekosten im Griff zu behalten wird der Einsatz der Wasserstofftechnologie weitgehend durch den Anteil der erneuerbaren Energien am gesamten Energiemix bestimmt. Prozesswärme, Warmwasser und Heizung lassen sich mit einem hohen Wirkungsgrad mit elektrischem Strom realisieren. Bis zu einem Anteil von 25 % für die erneuerbaren Energien am gesamten Primärenergiebedarf werden hauptsächlich Wärmekraftwerke für die Erzeugung der Regelenergie eingesetzt werden. Die verbleibende Überschussenergie, geschätzte 260 GWh, wird abgeregelt.

Der Zeitpunkt, ab dem der Einsatz von Massenspeichern für Wasserstoff oder Methan zwingend systemrelevant zum Erhalt der Stabilität in der Energieversorgung nötig wird, hängt weitgehend von folgenden Faktoren ab:

- Geschwindigkeit Netzausbau im Inland,
- Geschwindigkeit Netzausbau grenzüberschreitend,
- Anteil der erneuerbaren Energien in der Stromversorgung,
- Anteil der erneuerbaren Energien an der Primärenergie,
- Zubau der Kapazitäten für erneuerbare und fossile Kraftwerke,
- Verbrauchereinbindung in Effizienz- und Flexibilitätsmaßnahmen,
- Einbindung weiterer Verbraucher in das Stromnetz.

Bei der termingerechten Umsetzung des geplanten Netzausbaus wird der Einsatz von Massenspeichern für Wasserstoff wahrscheinlich ab 2035 nötig, wenn die erneuerbaren Energien einen Anteil von 70 % bei der Stromversorgung erreichen. Sollte Netzausbau weiter so schleppend wie momentan vorangehen, dann könnte der Einsatz bereits ab 2020 systemrelevant werden.

In den frühen 2030 – er Jahren könnte die Versorgung über Massenspeicher bei einem Systemwirkungsgrad von ca. 60 % konkurrenzfähig zu den anderen Erzeugern sein.

Um die Klimaziele bis 2050 zu erreichen, wird ab einem Anteil von > 40 % für die erneuerbaren Energien an der Primärenergie die Erzeugung von Methan oder Methanol aus Wasserstoff zum Einsatz kommen. Der Wirkungsgrad inklusive Rückverstromung (Strom-Gas-Strom) dürfte dann zwischen 50 und 55 % liegen. Bei Nutzung der anfallenden Prozesswärme erhöht sich der Wirkungsgrad deutlich.

Unter Beachtung der Klimaziele, der nationalen Sicherheit und der sozialen Ausgewogenheit könnte Deutschland ohne fremde Hilfe die geplante Energiewende schaffen. Die Vorschläge für die Änderungen zum EEG 2016 bremsen mit Rücksicht auf den schleppenden Ausbau der

Netze den Ausbau der erneuerbaren Energien vorübergehend stark aus, bedeuten aber keine Abwendung von der geplanten Energiewende. Die Ausweitung der Ausschreibungsverfahren ist mit Sicht auf eine Begrenzung des Anstiegs der Energiekosten durchaus sinnvoll.

Außerdem sollte man nicht übersehen, dass die Großanlagen den stärksten Anteil an der ständigen Reduzierung der Herstellkosten sowohl für Windkraftanlagen als auch PV-Anlagen haben. Der Vorwurf einzelner Branchenvertreter, der Entwurf zum neue EEG spiele der „alten" Energiewirtschaft in die Hände und fördere die verstärkte Nutzung von Atomkraft und Kohle sind angesichts von Atomausstieg und Kohlekonsens absurd. Dass Verbände die Interessen ihrer Mitglieder vertreten, ist verständlich und legal. Fest steht jedoch, dass der absolut notwendige Einstieg in die Wasserstoffwirtschaft nur von der Industrie und damit auch von den großen Spielern in der Energiewirtschaft gestemmt werden kann.

Der Glaubenskrieg zwischen den jeweiligen Befürwortern einer zentralen oder dezentralen Lösung für die Energiewende ist sinnlos, weil nur beide Ansätze gemeinsam zum Ziel führen. Man kann jedoch als Maxime ausgeben:
- **so dezentral wie möglich und so zentral wie nötig**

Energiewende aus europäischer Sicht

Betrachtet man den Anteil der Stromerzeugung aus erneuerbaren Energien am Gesamtverbrauch für alle 28 Staaten der EU, dann sieht man, dass Deutschland mit 27,8 % knapp den Durchschnittswert für die EU 28 mit 28,1 % erreicht. Um eine oft reklamierte Führungsrolle zu übernehmen, gibt es für Deutschland noch viel zu tun [87].

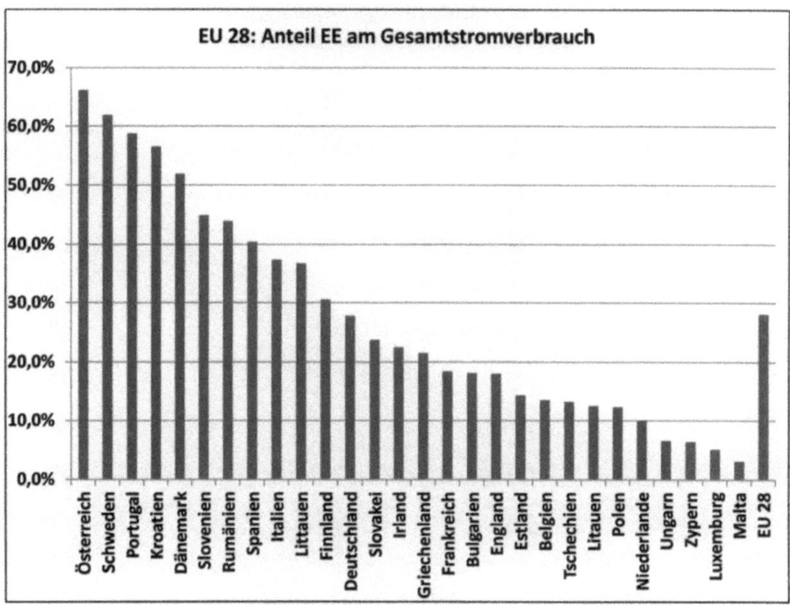

[87] Quelle: EurObserv'ER; Report 2015 (Zahlen Stand 2014)

Die EU hat ihre klimapolitischen Ziele in einer gemeinsamen Vereinbarung festgelegt. Hier die wesentlichsten Punkte.

1. Die klimaschädlichen Emissionen sollen bis 2030 um 40 % gegenüber dem Basiswert von 1990 verringert werden.

2. Für die Bereiche Industrie und Stromerzeugung wird eine Verringerung um 43 % gegenüber dem Basiswert von 2005 angestrebt.

3. Für die Bereiche Gebäude, Landwirtschaft, Abfallwirtschaft und
   Verkehr sollen die Emissionen um 30 % gegenüber dem Basiswert von 2005 gesenkt werden.

Die Europäische Kommission hat im Juni 2016 einen Vorschlag zur ge-
rechten Lastverteilung innerhalb der EU erarbeitet. In diesem Vorschlag
sind das jeweilige Pro-Kopf-BIP der einzelnen Länder sowie andere Aspekte einer fairen Verteilung berücksichtigt [88].

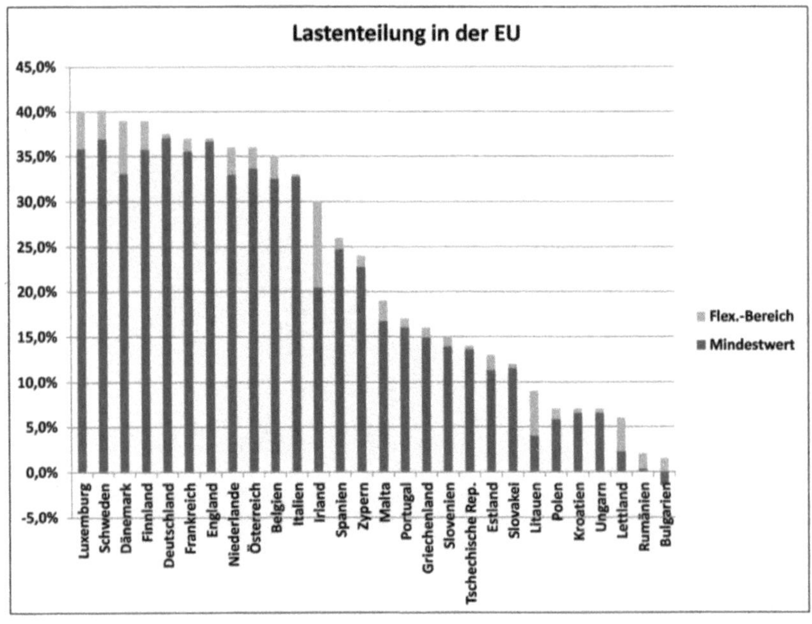

[88]

Betrachtet man die Energiewende als europäische Angelegenheit,
dann erkennt man schnell, dass eine gemeinsame Lösung sehr viel Zeit
und Kosten sparen könnte, um die vereinbarten Ziele im Kampf gegen
den Klimawandel zu erreichen.

Wie wir aus zahlreichen Untersuchungen wissen, stößt die Integration
von erneuerbaren Energien am gesamten Energiemix der Bundesrepublik
ohne entsprechende Speichermöglichkeiten relativ schnell an seine
Grenzen. Da Wind und Sonnenschein klimabedingte stochastische Ereig-

nisse sind, würde sich die statistische Wahrscheinlichkeit einer bestimmten Verfügbarkeit erheblich erhöhen, wenn man eine größere geographische Basis zugrundelegt. Würde Europa über ein gut ausgebautes Hochleistungsnetz verfügen und würden die einzelnen Mitgliedsstaaten der EU einen Teil ihrer nationalen Souveränität aufgeben, dann könnte der Anteil der leicht integrierbaren erneuerbaren Energien um deutlich über 10 % gesteigert werden.

Ein weiterer Vorteil wäre die sinnvolle Nutzung von Pumpspeicher-Kraftwerken. Nach einer im April 2016 erstellten Studie der von der EU Kommission geförderten „eStorage" könnten die europaweiten Kapazitäten für solche Anlagen umweltschonend auf eine Gesamtkapazität von 2.291 GWh ausgebaut werden. Davon entfallen 1.242 GWh auf Norwegen, 303 GWh auf das Gebiet der Alpen und 118 GWh auf die Pyrenäen. Durch die Abregelung der Überschussleistung der erneuerbaren Energieerzeuger werden allein in Deutschland bald 260 GWh vergeudet, die somit sinnvoll gespeichert werden könnten.

Dann sind da noch die gravierenden Unterschiede der klimatischen Bedingungen in den verschiedenen Regionen Europas. Da z.B. die solare Globalstrahlung in Südspanien oder Süditalien um den Faktor 1,7 höher ist als in Berlin, sind dort die Gestehungskosten für Strom aus PV-Anlagen um 40 % niedriger. Für Investoren von Anlagen, die nicht für den Eigenbedarf gedacht sind, ist dies ein starkes Argument. Auch ohne teure Studien und Berechnungen ist leicht zu erahnen, dass eine gemeinsame europäische Energiewende für alle Beteiligten Kostenvorteile mit sich bringt.

Und wenn man dann schon einmal träumt, dann sollte man sich an die Worte von Charles de Gaulle aus dem Jahre 1950 erinnern, wo er Frankreichs Zukunft im „mediterranen Wirtschaftsraum" sieht. Dann eröffnen sich auf einmal ganz andere Dimensionen. In der 4. Ausschreibung der BRD für PV-Anlagen wurden zwischen 6,94 und 7,68 €ct pro kWh geboten. Zur gleichen Zeit wurden in den Vereinten Arabischen Emiraten Anlagen im Gesamtvolumen von 800 MWp für 2,61 €ct pro kWh genehmigt. Das sind Zahlen, die zum Nachdenken anregen.

Intensiv nachgedacht haben über dieses Thema schon im Jahre 2003 einige Mitglieder des „Club of Rome" und haben zusammen mit dem Jordanischen Energieforschungszentrum die „Trans- Mediterranean Renewable Energy Corporation" (TREC) gegründet. 2008 ist auch die EU aufgewacht und hat den „Mediterranean Solar Plan" erstellt. 2011 hat die TREC nach vielen Studien einen Plan erstellt, der unter dem Namen „DESERTEC" vorgestellt wurde [89]. Der vorhersehbare Konflikt zwischen visionärem Denken und kurzfristigen Profiterwartungen stand der Umsetzung dieser Idee, wie sie in nachfolgendem Bild treffend dargestellt ist, von Anfang an entgegen.

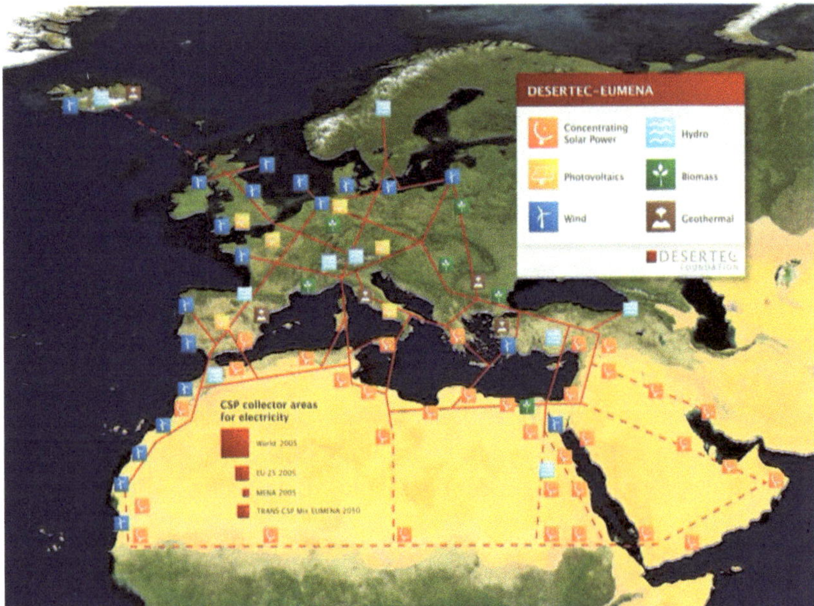

[89] Quelle: Desertec Foundation

Wenn man eine Verbundlösung zwischen allen Mittelmeeranrainern, und zu einem späteren Zeitpunkt eine Anbindung von Nordafrika und dem Nahen Osten realisieren würde, dann könnte der gesamte Raum zu 100 % mit erneuerbaren Energien versorgt werden. Der Plan basierte auf der Hoffnung, dass sich die Kosten für die CSP-Technologie, ähnlich wie in der Photovoltaik, auf einer rasanten Lernkurve nach unten bewegen. Heute ist der technische Vorteil einer CSP-Anlage mit der vergleichsweise kostengünstigen thermischen Energiespeicherung für mehrere Stunden durch die Kombination von extrem billigen PV-Anlagen mit anderen Speichern aufgehoben.

Die Berechnungen für ein Projekt in den VAE zeigen, dass man durch die Kombination von CSP, PV und Biomasse (aus Salzwasseralgen) jeden von der aktuellen Last vorgegebenen Energiemix ohne zusätzliche externe Speicher realisieren kann. Der Vorteil der sonnenreichen Wüsten in Nordafrika und im nahen Osten ist der geringe Unterschied zwischen den ertragreichsten (September) und ertragsärmsten (Januar) Monaten [90].

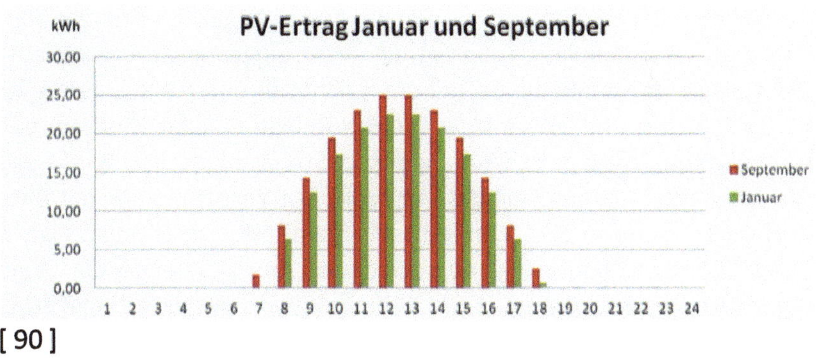

[90]

Um eine Stadt wie Masdar-City mit Strom zu versorgen, wurde in der Studie eine Kombination von 3 verschiedenen erneuerbaren Energiequellen vorgeschlagen:

- eine PV-Anlage mit 35 MWp Nennleistung,
- eine CSP-Anlage mit 27 MWp Nennleistung und einer 15-stündigen Speicherkapazität,
- eine Biomasse-Anlagen auf Basis von Salzwasseralgen mit einer Leistung von 19.500 MWh / a.

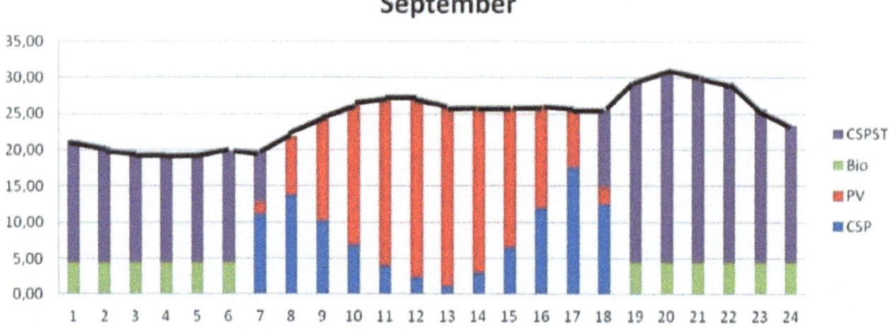

[91]

Der rote Bereich entspricht der direkt eingespeisten Energie aus der PV-Anlage. Der hellblaue Teil zeigt die direkt eingespeiste Energie aus der CSP-Anlage, der dunkelblaue Teil entspricht der Energie aus dem thermischen Speicher der CSP-Anlage. Die Bio-Anlage erzeugt Methan, das im redundanten Zweig der CSP-Anlage statt Erdgas eingesetzt wird (grün). Die schwarze Linie markiert das Lastprofil. Zur Vereinfachung der Darstellung [91] wurden alle Stundenwerte gemittelt. Die Studie zeigt, dass durch die Kombination der verschiedenen Energiequellen die Speicher minimiert werden können. Eine Einbindung von Windkraftanlagen ist je nach Standort möglich.

Für die Übertragung der elektrischen Energie über große Entfernungen eignet sich die Hochspannungs- Gleichstrom- Übertragung (HGÜ). Während bei der Übertragung mittels Wechselstrom die relativen Leitungsverluste bei etwa 10 % pro 1.000 km liegen, kann man bei Gleichspannung und einer Spannung von 800 kV mit 2,8 % pro 1.000 km rechnen.

Für die Erzeugung von Energie in Wüstenregionen, deren Speicherung und problemlose Übertragung in entfernte Regionen gibt es eine Reihe von weiteren Ansätzen. Einer der interessantesten ist wohl der von Prof. Auner. Er hat im Labor sowie in einer kleinen Pilotanlage nachgewiesen, dass Silizium sowohl als möglicher Energieträger als auch als Bindeglied zur Wasserstofftechnologie geeignet ist.

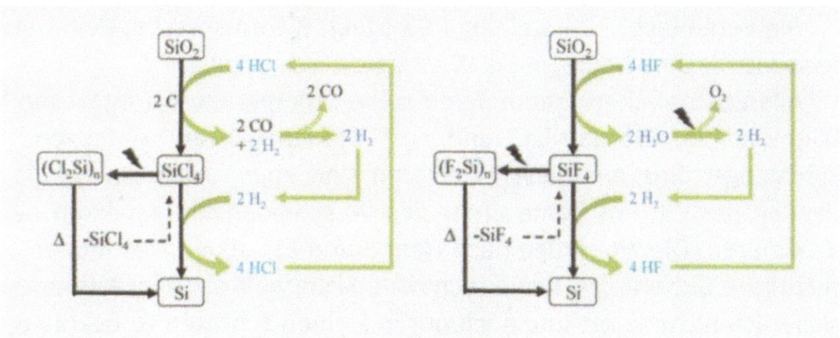

[92] Quelle: N. Auner und G. Lippold 2008

Die Gewinnung von Silizium aus Sand, der in Wüstenregionen ausreichend vorhanden ist, kann sowohl in einem kohlehaltigen Prozess (links) als auch in einem kohlefreien Prozess (rechts) erfolgen [92]. In weiteren Schritten können sowohl Oligosilane (Si$_2$H$_2$n+2) für die Herstellung von Dünnschichtmodulen als auch Wasserstoff-substituiertes Polysilan (H$_2$Si)n – kurz HPS genannt – als Energieträger gewonnen werden. HPS ist nahezu unlöslich, verfügt über eine hohe Energiedichte, ist für den Transport über weite Strecken geeignet und speicherbar.

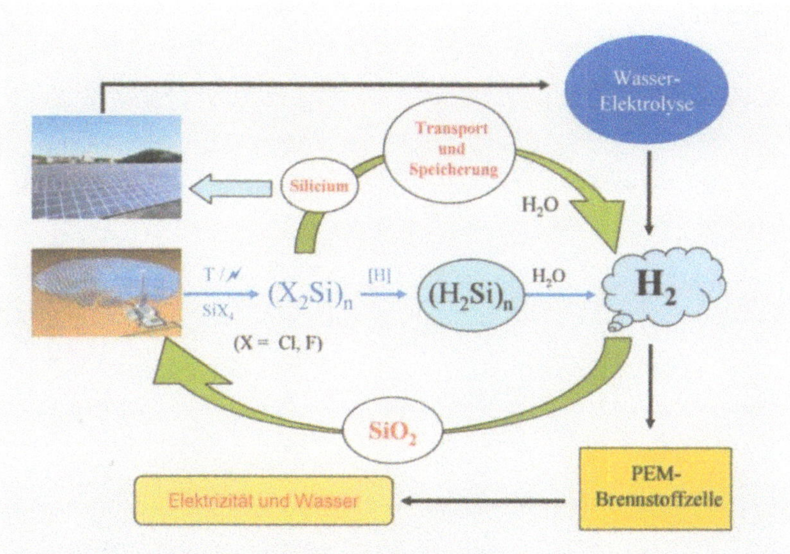

[93] Quelle: N. Auner und G. Lippold 2008

Die vereinfachte Darstellung [93] zeigt die entsprechenden Kreisläufe sowie die Einbindung in die Wasserstofftechnologie.

Allen technischen Träumereien stehen momentan die instabilen Verhältnisse in Nordafrika und im Nahen Osten entgegen. Die Flüchtlingströme aus diesen Gebieten sind aber Anlass genug, die Gedanken des Club of Rome unter den verschiedensten Aspekten neu zu diskutieren. Die alte Frage nach Henne und Ei (keine Investitionen ohne rechtliche Sicherheit – keine rechtliche Sicherheit ohne Investitionen) ist sicherlich nicht sofort und auch nur in kleinen Schritten zu beantworten. Mittel- und langfristig ist eine Einbindung Nordafrikas und der Golfregion in die europäischen Pläne zur Abmilderung des Klimawandels durchaus sinnvoll.

Innerhalb der EU gibt es leider noch viel zu viel bürokratische Ansätze. Man hat sich über ein gemeinsames Ziel im COP-21 Vertrag geeinigt und man hat sich auch über die interne Verteilung der Lasten unter den Mitgliedsstaaten geeinigt. Jetzt sollte man den einzelnen Ländern mehr Freiheit lassen, die gesteckten Ziele zu erreichen. Wenn man derzeit in Brüssel versucht eine einheitliche europaweite Gebäuderichtlinie für Finnland und Portugal zu erarbeiten, dann grenzt das an die oftmals zitierte Bananenordnung.

Fazit und Ausblick

Betrachtet man die momentane Situation beim Primärenergiever-brauch weltweit [94], dann kann man erahnen, wie schwer der Abschied vom fossilen Zeitalter fallen wird.

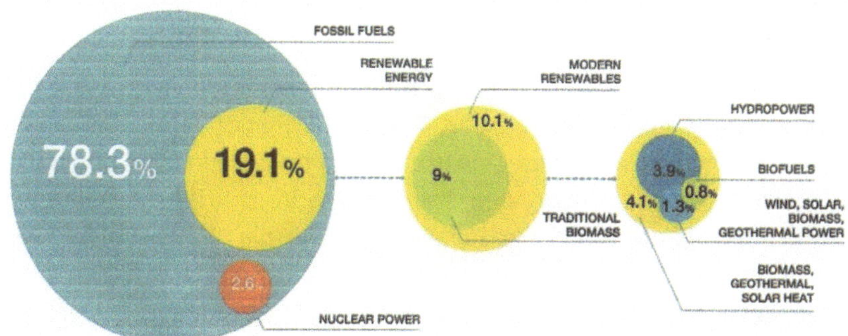

[94] Quelle: REN 21 – 2015

Man sieht aber auch, dass sowohl Deutschland, wie die EU insgesamt bei den erneuerbaren Energien mit einem Anteil von 28 % deutlich besser abschneiden als der weltweite Durchschnitt mit 19,1 %. Europa und speziell Deutschland ist auf den Import von fossilen Energieträgern angewiesen. Das Interesse, von diesen Importen unabhängig zu werden, ist ein wesentlicher – wenn auch selten ausgesprochener – Grund, die Energiewende zu beflügeln.

Es gibt einige Modellrechnungen, die aufzeigen, welcher Anteil der heute bekannten fossilen Rohstoffreserven ungenutzt bleiben muss, um den Klimawandel zu begrenzen. Die Werte schwanken zwischen 60 % und 80 % und lassen wenig Hoffnung zu. Es gibt aber auch gute Tage: am 03.09.2016 haben China und die USA ihre nationalen Ratifizierungsurkunden des COP21-Vertrages von Paris an den Generalsekretär der UN, Herrn Ban Ki-Moon übergeben. Am 04.10.16 hat das EU Parlament den Vertrag von Paris verabschiedet, Indien eine Woche davor. Der Vertrag kann somit in Kraft treten.

Deutschland kann den Klimawandel nicht stoppen. Es kann aber den Beweis antreten, dass eine Industrienation mit der notwendigen technischen Infrastruktur die Energiewende zumindest ohne Wettbewerbsnachteile für die eigene Industrie und verkraftbare Kosten für die Bevölkerung schaffen kann. Deutschland hat in der Vergangenheit einen wesentlichen Entwicklungsbeitrag zur Einführung der erneuerbaren Energien geleistet. Es wird auch in Zukunft die nötigen Technologien entwickeln und große Chancen für deren Export erarbeiten.

Es ist die Aufgabe der Politik, für entsprechende Rahmenbedingungen zu sorgen. Die von großen Teilen der Bevölkerung befürwortete Energiewende ist aber kein Selbstläufer. Es bedarf einer ständigen Nachjustierung der entsprechenden Gesetze und Vorschriften, um die soziale Gerechtigkeit, die nationale Sicherheit sowie die Wettbewerbsfähigkeit der Industrie zu erhalten. Im Augenblick fehlt eine langfristige strategische Ausrichtung auf das für 2050 vorgegebene Ziel. Das gilt besonders für die Einbindung des Verkehrsbereiches sowie die Schaffung entsprechender Speicherkapazitäten durch Einführung der Wasserstofftechnologie.

Solange die Energiewende hauptsächlich auf eine Wende in der Energiewirtschaft ausgelegt ist, greifen die jetzt vorliegenden Gesetze und Planspiele viel zu kurz. Es fehlt vor allen Dingen an klaren Vorstellungen, wie der Primärenergiebedarf bis 2050 halbiert werden soll. Das beschlossene jährliche Monitoring schaut immer in die jüngste Vergangenheit. Was wir aber brauchen, ist ein umfassendes Modell, das ständig aktualisiert werden kann, um bei jeder Veränderung der Lage sofort die Auswirkungen auf das Endergebnis anzuzeigen.

Selbst wenn die Halbierung des Primärenergiebedarfs bis 2050 erreicht wird, dann stehen wir immer noch vor einer gewaltigen Herausforderung. Um die Reduzierung der CO_2-Emissionen in Deutschland auf 250 Mt zu erreichen, müssen jährlich zwischen 1.500 bis 1.800 TWh an elektrischer Energie erzeugt und teilweise als Wasserstoff oder Methan gespeichert werden. Das kann nicht mehr dezentral gelöst werden.

Da für eine erfolgreiche Energiewende hohe Investitionen von Seiten des Staates, der Industrie und der Bevölkerung notwendig sind, ist auch eine entsprechende Risikoabschätzung wichtig. Die wichtigsten Risikofaktoren sind:

- Akzeptanz in der Bevölkerung,
- Verfügbarkeit von fossilen Energieträgern,
- Verfügbarkeit von anderen Rohstoffen,
- politische Stabilität in der Zielsetzung,
- geopolitische Rahmenbedingungen,
- Entwicklung neuer Technologien,
- finanzielle Spielräume.

Die Akzeptanz in der Bevölkerung ist eine zweischneidige Angelegenheit. Nach den vorliegenden Umfragen ist eine große Mehrheit für die Energiewende. Wenn es jedoch darum geht, dass eine Stromtrasse oder ein Windpark in unmittelbarer Nähe geplant ist, dann gilt das Sankt-Florians-Prinzip. Gegen diese schleichende Entsolidarisierung haben wir im Moment noch kein richtiges Mittel gefunden. Die Folge ist, dass Genehmigungsverfahren in Deutschland zu lange dauern.

Die Verfügbarkeit von fossilen Rohstoffen ist in Deutschland naturgemäß beschränkt. Erdöl und Erdgas spielen fast keine Rolle. Der Abbau von Steinkohle ist durch die extreme Tiefenlage der Flöze längst nicht mehr rentabel. Unsere Braunkohleindustrie steht gewissermaßen auf der Abschussliste, wenn wir unsere Klimaziele erreichen wollen. Der Ausstieg aus der Braunkohle muss durch finanzielle Unterstützung der betroffenen Regionen abgefedert werden. Die Kosten hierfür sind überschaubar. Verwunderlich ist in diesem Zusammenhang nur, dass die Bundesregierung dem Verkauf der Braunkohlesparte von Wattenfall an ausländische Investoren zugestimmt hat.

Im Moment ist Deutschland sehr stark auf den Import von fossilen Rohstoffen angewiesen. Diese geopolitische Abhängigkeit hat in der Vergangenheit schon mehrfach erheblichen Einfluss auf die Energiepolitik genommen. Mit dem Anstieg der erneuerbaren Energien nimmt die Abhängigkeit vom Import zwar ständig ab, ist aber immer noch sehr stark, wie die nachfolgenden Zahlen zeigen.

Erdölimporte im Jahr 2014 in 1000 t		Erdgasimporte im Jahr 2014 in PJ	
Russland	30.025	Russland	1.391,2
Afrika	16.494	Norwegen	1.194,2
Nigeria, Algerien, Lybien		Niederlande	867,5
Norwegen	15.183	Sonstige	151,7
Großbritanien	9.727		
Sonstige	15.294		
OPEC insgesamt	16.765		

[95]

Die starke Importabhängigkeit ist auch ein Grund, warum die Kohlekraftwerke nicht sofort stillgelegt sondern als stille Reserven für einige Jahre vorgehalten werden. Der Vorwurf an die Bundesregierung, sie wolle damit die fossilen Energien fördern, ist absurd. Jede internationale Krise, die unseren Import an Rohstoffen gefährdet, kann nur ein Ansporn sein, unseren Weg hin zu den erneuerbaren Energien zu beschleunigen.

Der Zugriff auf andere Rohstoffe, wie seltene Erden und Metalle wird oft als Risikofaktor gesehen. Neodym und Lanthan werden zu 97 % in China gefördert. In Indien, Australien, den USA und sogar in Deutschland wird nach geeigneten Lagerstätten gesucht. Neodym ist ein Bestandteil für die Dauermagneten in Windkraftturbinen. Lanthan ist in Materialien von Akkus legiert. Die weltweiten Vorräte an Lithium sind ebenfalls begrenzt. Alle genannten Metalle sind jedoch im Ernstfall ersetzbar.

Nutzbare Ackerflächen sowie Trinkwasser sind die beiden Ressourcen, deren Verknappung uns die meisten Kopfschmerzen bereiten. In Deutschland haben wir jetzt schon Probleme PV-Anlagen auf Grünflächen zu genehmigen. Auch die Frage, ob Ackerland zur Herstellung von Energiepflanzen für Biomasse-Anlagen genutzt werden soll, wird in Zukunft wohl eher negativ beantwortet werden.

Die politische Stabilität in der Zielsetzung ist ein oft angeführtes Risiko für die weitere Entwicklung in der Energiepolitik. Hier geht es hauptsächlich um Investitionssicherheit. Da die meisten Anlagen zur Erzeugung regenerativer Energien eine lange Abschreibungsdauer benötigen, ist eine entsprechende Rechtssicherheit wichtig.

Die geopolitischen Rahmenbedingungen werden von vielen Mitspielern geprägt, von verlässlichen Partnern, wie auch von unberechenbaren Kandidaten. Wenn sich die Europäer nicht weiter auseinander bewegen und zu einer gemeinsamen Energiepolitik finden, dann würde dies einen wichtigen Stabilitätsfaktor abgeben. Aus den verschiedensten Gründen wird sich Europa in Afrika engagieren müssen, um dort für stabile Verhältnisse zu sorgen und eine Partnerschaft im Energiebereich zu schaffen.

Die Frage der zukünftigen finanziellen Spielräume wird in naher Zukunft vielleicht nur noch im Bereich der Forschungsförderung wichtig. Sowohl PV-Anlagen als auch Windparks kommen bald ohne zusätzliche Förderung aus. Im Jahr 2015 hat die Bundesrepublik im Energiebereich insgesamt 548 Mio € Forschungsmittel ausgegeben. Nachfolgende Aufstellung zeigt die Verteilung auf die verschiedenen Sparten.

Sparte	Forschungsmittel in 2015
	in Mio €
Windenergie	85,39
Photovoltaik	78,64
Solarthermische Kraftwerke	3,76
Tiefe Geothermie	17,33
Wasserkraft & Meeresenergie	2,33
Kraftwerks- & CCS-Technik	53,97
Brennstoffzellen & Wasserstoff	25,35
Speicher	42,79
Netze	77,92
Energieeffizienz in Gebäuden & Städten	73,48
Energieeffizienz in Industrie und Gewerbe	58,48
Elektromobilität	17,40
Systemanalyse	11,17
Energiebereich total	548,01

[96]

Die Aufstellung aus dem Forschungsjahrbuch der Bundesrepublik [96] zeigt, dass konsequenter Weise alle Wege zu einer erfolgreichen Energiewende untersucht und eventuell ausgebaut werden. Grundsätzlich sind in nächster Zeit keine Quantensprünge in der einen oder anderen Sparte zu erwarten. Das mit schnellen Veränderungen im technologischen Bereich verbundene mögliche Investitionsrisiko ist momentan als niedrig einzuschätzen.

Es ist relativ leicht, Visionen zu erstellen und diese dann in einem zwar völkerrechtlich verbindlichen doch realistisch betrachtet zahnlosen Vertrag zu formulieren, wie in Paris geschehen. Der Nachteil solchen Handelns ist jedoch, dass man irgendwann auch erklären muss, wie man diese Ziele erreichen will. Es zeugt von einer gewissen Solidarität, dass man die Bundesumweltministerin nicht ohne einen „Plan" nach Marrakesch schicken wollte. Wenn man die 90 Seiten des „Klimaschutzplan 2050" liest, dann hat man den Eindruck, dass die Konferenz zumindest für die Bundesrepublik einige Monate zu früh kam.

Rein formal betrachtet muss man feststellen, dass die Vorstellung von einem „Plan" von Politikern und Wissenschaftlern sehr unterschiedlich sind. Sieben Zeilen mit konkreten Zahlen stehen 90 Seiten von unverbindlichen Erklärungen und Visionen gegenüber. Schon die Präambel macht deutlich, was den geneigten Leser erwartet.

„Im Koalitionsvertrag für die 18. Legislaturperiode wurde vereinbart, einen Klimaschutzplan 2050 vorzulegen, der das bestehende deutsche Klimaschutzziel 2050 und die vereinbarten Zwischenziele im Lichte der Ergebnisse der Klimaschutzkonferenz von Paris konkretisiert und mit Maßnahmen unterlegt."

Das klingt doch noch sehr hoffnungsfroh. Liest man ein paar Zeilen weiter, dann werden alle Hoffnungen auf einen Plan, der diesen Namen auch wirklich verdient, im Keime erstickt.

„Als Prozess ausgelegt, der neue Erkenntnisse und Entwicklungen aufnimmt, folgt er der Grundphilosophie des regelmäßigen Überprüfens, kontinuierlichen Lernens und stetigen Verbesserns. Damit kann und will er nicht ein über Dekaden festgelegter detaillierter Masterplan sein."

Aber hallo, das ist es aber gerade, was wir brauchen. Schon die Zahlen aus dem Forschungsjahrbuch 2015 zeigen, dass die Bundesregierung den Transformationsprozess von einer fossilen hin zu einer erneuerbaren Energiewirtschaft technologieneutral gestalten will. Das ist durchaus richtig und lobenswert. Liest man jetzt noch ein Stück weiter, dann kann man unschwer erkennen, wie stark der Einfluss der Großindustrie bei der Gestaltung der vorliegenden Fassung war.

„So gelingt es, die Leistungsfähigkeit der deutschen Wirtschaft im internationalen Wettbewerb zu sichern, Planungssicherheit für Unternehmen, private Haushalte und Verbraucher zu schaffen und gleichzeitig sicherzustellen, dass beispielsweise auf technologische Neuerungen flexibel reagiert werden kann.“

Abgesehen davon, dass diese Aussage einen Widerspruch in sich selbst darstellt, verfehlt der Klimaschutzplan 2050 das Ziel der Planungssicherheit total. Gerade in der Energiewirtschaft sind Investitionen auf Laufzeiten von mindestens 20 Jahren ausgelegt. Fragen Sie mal einen Investor, wie flexibel er auf technologische Neuerungen reagieren kann.

Die Erkenntnis, dass die Energiewende nicht nur in der Energiewirtschaft stattfinden muss sondern auch eine enge Vernetzung mit den Bereichen Gebäude und Verkehr notwendig ist, überrascht Experten nicht. Wirklich überraschend ist die Festlegung auf eine möglichst realistische Aufteilung der zu erbringenden CO_2-Einsparungen auf die unterschiedlichen Quellen. Die definierten Sektorziele können in der Tat weitreichende wirtschaftliche und gesellschaftspolitische Auswirkungen haben. Der Klimaschutzplan 2050 wird daher jährlich überprüft und eventuell angepasst werden müssen.

Die Einteilung nach den unterschiedlichen Sektoren entspricht dem international üblichen Quellprinzip, was zu einigen Verschiebungen gegenüber älteren Einteilungen führt. So wird der alte Sektor „Haushalte“ nach Heizung und Strom den Bereichen „Gebäude“ und Energiewirtschaft   zugerechnet.

Die neue Sektoreneinteilung mit den entsprechenden Vorgaben für die zulässigen Obergrenzen der CO_2-Emissionen sieht wie folgt aus:

	1990	2014	2030
Energiewirtschaft	466	358	175-183
Gebäude	209	119	70-72
Verkehr	163	160	95-98
Industrie	283	181	140-143
Landwirtschaft	88	72	58-61
Sonstige	39	12	5
Total	1248	902	543-562

Alle Zahlen in Mio t CO_2-Äquivalent.

Die Summe der CO_2-Emissionen für 2030 liegt noch unter den bisherigen Vorgaben von ca. 583 Mio t. Für die einzelnen Sektoren bedeutet dies immense Anstrengungen.

1. Der Ausbaupfad für die erneuerbaren Energien müsste weiter erhöht werden.

2. Die neue Gebäuderichtlinie, die zur Zeit in Brüssel verhandelt wird, müsste schnellstens auf den Weg gebracht werden.

3. Um die Ziele für den Verkehrssektor zu erreichen, müssten 2030 etwa 15 Millionen Fahrzeuge elektrisch betrieben werden.

4. Im Industriebereich müsste eine jährliche Effizienzsteigerung von etwa 1,4 % erreicht werden.

5. In der Landwirtschaft müsste der Einsatz von Düngemitteln drastisch reduziert werden.

Die im Klimaschutzplan genannten Maßnahmen bleiben leider nur sehr vage. Es bleibt abzuwarten, wie die Monitoring-Berichte ausfallen und wie stark der politische Wille zur Nachsteuerung unter künftigen Regierungskoalitionen sein wird.

Energiepolitik ist zugegebenermaßen eine komplexe Materie. Umso wichtiger ist es, die Menschen für den weiteren Weg zu gewinnen. Dazu ist die größtmögliche Transparenz bei allen relevanten Entscheidungsprozessen nötig. Wenn die uneingeschränkte Akzeptanz der Energiewende in der Bevölkerung eine große Mehrheit erreicht, dann haben wir eine Chance, diesen Planeten für die nachfolgenden Generationen in ihrer ganzen Schönheit zu erhalten.

[97]

Bleiben Sie dran

Wenn Sie an dem Thema interessiert sind, dann sollten Sie dran bleiben. Es gibt eine Reihe von guten unabhängigen Informationsquellen.

Für den Bereich Deutschland

Offizielle verlässliche Statistiken zu allen Fragen der Energiewirtschaft finden Sie beim statistischen Bundesamt – www.destatis.de

Weitere gute Quellen aus dem politischen Bereich sind
das statistische Bundesamt – www.umweltbundesamt.de,
das Bundesministerium für Umwelt, Naturschutz, Bau und Reaktorsicherheit - www.bmub.bund.de,
und das Bundeswirtschaftsministerium – www.bmwi.de

Das BMWi bietet noch einen besonderen Service. Unter www.bmwi-energiewende.de finden Sie den Klick „Newsletter abonnieren". In unregelmäßigen Abständen können Sie sich per e-mail über Neuigkeiten zum Thema Energiewende informieren lassen.

Für den Bereich Europa

Gute Übersichten über den europäischen Markt für erneuerbare Energien finden Sie unter www.eurobserv-er.org

Für den Bereich weltweit

www.irena.org

Für den Bereich Klimawandel allgemein

Wenn Sie verlässliche Daten in allen Fragen zum Klimawandel suchen, dann gibt es folgende Quelle: IPCC International Panel on Climate Change www.ipcc.ch

Sehr empfehlenswert die Seiten von Yann Arthus-Bertrand:

www.yannarthusbertrand.org und

www.homethemovie.org

Und hier noch einige interessante Adressen:

www.klima-retten.info

www.greenpeace-energy.de

www.vde-verlag.de

www.unendlich-viel-energie.de

www.forschungsradar.de

www.kommunal-erneuerbar.de

www.foederal-erneuerbar.de

www.kombikraftwerk.de

www.waermewechsel.de

www.ag-energiebilanzen.de

www.agora-energiewende.de

www.dena.de

Viel Spaß beim Surfen

Wenn Sie noch Fragen zu den in dieser Veröffentlichung angeschnittenen Fragen haben, dann können Sie mich jederzeit kontaktieren:

Dipl.-Geophysiker Jürgen Duckert

Juergen.duckert@web.de

Die Rechnerei mit den Energieeinheiten ist manchmal anstrengend. Deshalb hier noch eine kleine Hilfestellung.

1 J (Joule)	=	1 Ws (Wattsekunde)	k (kilo) =	10^3
3,6 MJ	=	1 kWh	M (Mega) =	10^6
3,6 GJ	=	1 MWh	G (Giga) =	10^9
3,6 TJ	=	1 GWh	T (Tera).=	10^{12}
3,6 PJ	=	1 TWh	P (Peta).=	10^{15}

Energieinhalte und CO_2-Emissionen

Erdgas	11 kWh / m³	246 g CO_2 / kWh
Erdöl	11 kWh / kg	315 g CO_2 / kWh
Braunkohle	5,5 kWh / kg	434 g CO_2 / kWh
Steinkohle	8,5 kWh / kg	428 g CO_2 / kWh
Wasserstoff	3,55 kWh / kg	0 g
Methan	10 kWh / m³	0 g (weil nicht fossil)